成功法则

人性的弱点

[美] 戴尔·卡耐基 著
杨建峰 编译

扫码收听全套图书

扫码点目录听本书

四川人民出版社

图书在版编目(CIP)数据

人性的弱点 / (美) 戴尔·卡耐基著 ; 杨建峰编译. —成都 : 四川人民出版社, 2020.4(2023.8 重印)
(成功法则)
ISBN 978-7-220-11828-9

Ⅰ. ①人… Ⅱ. ①戴… ②杨… Ⅲ. ①成功心理-通俗读物 Ⅳ. ①B848.4-49

中国版本图书馆 CIP 数据核字(2020)第 055139 号

RENXING DE RUODIAN
人性的弱点
(美) 戴尔·卡耐基/著　杨建峰/编译

责任编辑	陈　欣
技术设计	松　雪
封面设计	松　雪
责任印制	周　奇
出版发行	四川人民出版社(成都市三色路 238 号)
网　　址	http://www.scpph.com
E-mail	scrmcbs@sina.com
新浪微博	@四川人民出版社
微信公众号	四川人民出版社
发行部业务电话	(028)86361653　86361656
防盗版举报电话	(028)86361661
印　　刷	三河市宏顺兴印刷有限公司
成品尺寸	143mm×208mm
印　　张	5
字　　数	116 千
版　　次	2020 年 4 月第 1 版
印　　次	2023 年 8 月第 13 次
书　　号	ISBN 978-7-220-11828-9
定　　价	150.00 元(全五册)

卡耐基自序

35 年来，美国出版商出版了 20 多万部各种不同的书，其中枯燥乏味的占了大多数，亏了本的也有许多。 有一位闻名世界的出版公司负责人，最近这样对我坦承说，他的公司虽然拥有 75 年的出版经验，可是每出版 8 本书，亏损的图书就有 7 本。

既然如此，那么我又为什么还敢冒险，再写这本书呢？而且在我写好后，你费劲读它的原因又是什么呢？

是的，这两个问题值得我们关注。

为了要把写这本书的经过解释清楚，我须简略地讲述几桩事实。

从 1913 年开始，我在纽约替商界和专业人士定期把一项教育活动举办起来。 最初时，演讲课程都在我的安排之内。这种课程的目的，是运用实际经验，训练成人在商业洽谈和团体中，能依照自己的思想，更清晰、更有效、更镇静地把他们的意念表达出来。

可是经过几期课程后，我发觉对于这些人，有效的讲话训练固然很必要，但他们更迫切需要的，是在日常生活及交际时知道怎样跟人沟通。

随着时间的推移，我自己也渐渐觉察到，这种训练于我自己也有必要。我现在回想那些年来的情形，突然惶恐不安于自己所缺乏的，20 年前我手里若是有这样一本书，那么它的价值将是无法估量的。

如何应付人，这个问题将是你所面临的所有问题中最大的。如果你是个商人，那么这问题尤其值得受到重视。即使你是会计师、家庭主妇、建筑师，或是工程师，同样的情形也会发生在你身上。

数年前，在“卡耐基基金会”的资助下，通过种种调查和研究，我有了一项重要发现！这项发现后来又由“卡耐基技术研究院”研究证实。通过资料调查可以看出：一个人经济上的成功，其本人技术和知识的贡献是 15%，而另外 85%，都是出于“人类工程”，即人格和领导人的能力。

数年前，在费城工程师协会，我按季举办课程，同时也在美国电机工程协会分会开班。总计有 1500 位以上的工程师到我举办的讲习班旁听过课程。他们到我这里来之后，根据多年的观察和经验，我最后发现，在工程中获得最高酬劳的人，懂得的工程学识并不是最多的。

我们可以付出每周 25 美元到 50 美元的代价，雇用到工程、会计、建筑等专业人才；市场上永远不乏这种人才。但是除了技术、知识之外，再加上能表达自我意识的能力，能担任领袖的能力，能激发他人能力的能力，那么自然会提高他的收入。

约翰·洛克菲勒在他事业鼎盛的时候，曾经这样说过：“应付人的能力，这种商品也可以购买，就像糖和咖啡一样。”他又这样说：“我愿意为那种能力付出酬劳，世界上任何东西的价值都不如它。”

芝加哥大学和青年会联合学校曾举行过一次调查，调查成年人到底需要些什么！

那笔调查费用是2.5万美元，还有两年的时间花费在了这个上面，调查的最后部分是在梅立顿镇举行的。那地方堪称美国市镇的典型，梅立顿镇上的每一个成年人都作为被访问的对象，同时调查人员请他们把156个问题都回答了出来。

这些问题有：你的专业是哪一行？你的受教育程度如何？你的志愿是什么？有哪些问题你需要解决？你如何利用业余的时间？你的收入是多少？你的嗜好是什么？什么学科是你最喜欢的？调查人员所提出的，是这一类的问题。

那项调查的结果，显示出一般人最注意的是健康。至于第二种兴趣，是如何了解别人，如何与人相处，如何使人喜欢你，如何使你的想法被别人赞同。

发起这项调查的委员会，决定替梅立顿的成年人举办这样一门课程。他们努力地寻求有关这样主题的一本实用书籍，但最后却一无所获。最后，他们去见一位世界著名的权威成人教育家，问他是否存在这样一本成人需要的教材。“不，”那位教育家回答，“我虽然知道那些成人需要些什么，可这类他们需要的书，却从未有人写过。”

据我的经验所得，他说的是正确的，我自己也已经花费了很多年的时间在寻求一本实用有效、关于人际交往的书籍。

由于这样的书被很多人期盼着，我才尝试着写这本书，这是为我的讲习班所写的，希望你会喜欢它。

我为了准备撰写这本书，把所有我能找到、有关这方面主题的资料都读过了。包括《迪克斯》报纸信箱回答，其他如离婚法庭的记录或者另外一些很有名的专著。同时，我还雇用一位受过专门训练的人去研究、探索。他有一年半的时间花费在了这个上面，在各图书馆中阅读我所遗漏了的资料，对各种心理学专集进行探究，追览多种杂志文章，查阅无数伟人传记，探询各时代的大人物如何与人交往。

我们读过各时代的伟人传记，读过那些领袖人物的生平记事，自恺撒到爱迪生。而我便收集了100多本罗斯福的传记。我们决定不惜时间、金钱，都要找出从古至今，所有人已用过的、关于交友和影响他人的中肯的意见。

我曾经亲自访问过世界著名的杰出人士，尽量从他们身上找出他们在人与人之间关系上所运用的技巧。

依据这些资料，我把一篇简单的演讲稿准备了出来。我用的题目是“如何交友和影响他人”。起初这篇文章是极短的，后来延伸扩充了一多半的内容，现在已是一篇90分钟时间的演讲稿了。这些年来，每逢我在纽约上按季授的“卡耐基研究院”课时，都要把这篇讲稿说给他们听。

我演讲给他们听，并且也告诉他们要多试验于外界事物和社会交际方面，然后回讲习班，把他们的经验和成就说出来。这是一项多么有趣味的课程！这些学员，由于急于自我改进，对这种在一个新式实验室工作的想法感到非常有兴趣；这是第一项为成人所设的课程，也是唯一的一所人类关系研究的实验室。

这本书和一般情形下所完成的写作不同，是像孩子那样成长起来的。它是从实验室中生长发育，最终成熟于数千成年人的经验中。

许多年前，我们把一套规则印在比明信片还小的卡片上。到了下一季时，我们在一张比过去较大的卡片上刻印。然后是印一本小册子，再后是一套小书。每次尺寸、范围都加以扩大、充实，直到目前，经过15年的试验和研究，这本书才出现。

我们这里所定的规则不只是理论，更是充满神奇效力的。当然，一般人无法相信这个理论，可是这些定例、原则的应用，确实把不少人的生活习惯改变了。

现在就有这样一个例子：上一次，有一位老板参加了这个讲习班课程，他拥有314个员工。这么多年来，他不加限制，对他的员工毫无顾忌地驱使和斥责。至于仁慈、道义和鼓励，他根本没有说过这样的话。在研究了这部书中所讨论的原则以后，这位大老板把他的人生观骤然改变了。在他所负责的这个机构中，出现了一种忠诚、热忱、合作的精神；那原来的314个“仇敌”，现在由314个“朋友”所代替。

他在讲习班的一次演讲中，得意地说：“从前我在我机构中巡走，跟我打招呼的没有几个人，我那些员工们看到我走近，赶快转过脸去回避我，可是现在他们都是我的朋友了，甚至于连外面守门的，都叫着我的名字招呼我！”

这位老板现在的盈利和余暇更多了，还有更重要的，那就是他在业务上和家庭中获得了更多的快乐。

有很多的推销员，运用了研究会讲习班上的原则，迅速提高了他们的销售业绩，有许多过去无法获得的客户也成了他们的合作伙伴。公司机构的高级职员，不但获得了更大的职权，而且他们的工资也有所增加。有一位上季来讲习班提出报告的高级职员说，在实行了这些定例、原则后，他的薪水有了很大的提升。另外一位费城的煤气公司高级职员，由于不能巧妙地引领别人，领导原本已决定把他降职。可是经过这项训练后，不但挽救了他现年 65 岁降职的危机，同时还使他获得擢升，待遇提高。

在参加课程结束时的聚餐会中，那些太太对我说，她们的丈夫在把这些训练课上完之后，她们的家庭更美满、更快乐了。

哈佛大学教授威廉·詹姆斯曾这样说过："如果对比于我们应有的成就，其实我们只是蒙昽半醒着，我们只把身上少部分的能源利用了。我们在极限之内，其实还尚有更多的能源，可是我们却习惯性地不加以利用。"

潜伏在你身心的那些你所拥有的能源，而你却忽略它们的存在，从不利用它们；而这部书唯一的目的，就是帮助你发现它们、开掘它们、利用它们——那些是你孕育在身心、还未发掘出来的财富！

如果你把这本书的前三章看完后，仍然没有什么收获，那么，我觉得这就是我这本书的败笔！因为，教育最大的目的，不仅是求知识，更是把行动运用于实践。

这就是一本行动的书！

目　录

CONTENTS

扫码点目录听本书

第三章　怎样赢得别人的认可

第四章　掌握说服他人的技巧

第五章　如何使家庭生活幸福快乐

第一章

与人相处的基本技巧

扫码收听全套图书

扫码点目录听本书

如欲采蜜，勿蹴蜂房

扫码点目录听本书

1931 年 5 月 7 日，纽约发生了一桩搜捕事件，轰动一时。 经过几星期的搜捕，被称为“双枪杀手”的克洛雷，终于在位于西头大街他女友的寓所中被警方擒获。 克洛雷确实是一个杀人不眨眼的恶魔，也许你很难想象这样的人是如何在现实中生活的。 而出人意料的是，生活中的克洛雷是一个烟酒不沾的人。

当时，150 名警方人员与侦探包围了克洛雷藏匿的顶楼。他们把屋顶砸了个洞，还把机关枪架在四周的建筑物上。 约 1 个钟头后，枪声在这幢纽约高级住宅中响起，包括“哒——哒——哒”的机关枪声。 那位“警察克星”克洛雷就蹲伏在一个大沙发后面，对着警方开枪。 成千上万的市民涌到街上看热闹，这是纽约市前所未有的惊险场面。

克洛雷被抓后，纽约市警察局局长 E. P. 马洛里发表谈话时说道：“这是纽约有史以来最具危险性的罪犯。 他杀人不眨眼。”但是，这个“双枪杀手”是如何看待自己的呢？ 那天，克洛雷被包围时，他正在写信给“有关人士”，他如此写道：“我的内心疲惫而善良。”当他写这封信的时候，鲜血在纸上留下深红的痕迹。

被搜捕前，克洛雷和女友正开车行驶在长岛一条乡村公路上。有个警员走上去，让他出示驾照。

克洛雷一言不发，掏出手枪便对警察一阵狂射。警员中弹倒地，克洛雷跳下车，又用警员的左轮枪向倒地不起的尸体开了一枪。难道这就是他自己所说的“疲惫而善良”的内心吗？

克洛雷最终被判处死刑。当他抵达星星监狱（美国关押重罪犯人的监狱）放着电椅的受刑室时，并没有忏悔之意，他反复说：“这就是我自卫的结果。”

整个事件的核心是：“双枪杀手”克洛雷根本不知道自己错在了什么地方。

“我把一生当中最好的岁月用来为别人带来快乐，让大家度过美好时光。可是，却没有人想过我的感受，所以才招致了我这样的下场。”这是美国恶势力组织者阿尔·卡庞说的一段话，他后来在芝加哥被处决。事实上，他认为自己在做善事，只是被社会误解并且不被社会接受而已。达奇·舒尔茨的情形也是一样。他是恶名昭著的“纽约之鼠”，后来被仇人杀害。他生前接受报社记者采访时，也自认为是在做善事。

我曾和刘易斯·洛易斯就这个问题通信，进行讨论。洛易斯在纽约星星监狱担任过好几年的监狱长，他表示：牢里的犯人绝大多数都认为自己是好人。他们会为自己辩解。

他们告诉你打破保险箱的理由，告诉你为什么要开枪杀人。总之，大多数人都能为自己的行为找出动机和理由，不管是不是破坏社会秩序，他们总会为自己的行为进行一番辩解，并且，他们自己因此得出这样的结论——不应该把他们关进牢里。

假如牢里的亡命之徒，他们都从不为自己的行为自责，那么，我们又如何强求正常生活的普通人呢？

闻名遐迩的心理学家 B. F. 史金勒通过动物实验证明：因好行为受到奖赏的动物，其学习速度快，持续力也更久；因坏行为而受处罚的动物，则不论速度还是持续力，都比较差。研究显示，这个原则同样适用于人。批评不能改变事实，只能招致愤恨心理的产生。

另一位心理学家汉斯·希尔也说："更多的证据显示，我们都害怕被别人指责。"因批评而引起的羞愤，常常会使人的情绪大为低落，并且批评一点用也没有。

俄克拉荷马州的乔治·约翰逊是一家营建公司的安全检查员，他的职责之一就是检查工地上的工人是否戴了安全帽。据他报告，每当发现工人在工作时不戴安全帽，他便指责工人，其结果是：受指责的工人常显得不悦，而且等他一离开，便又常常把帽子拿掉。

后来，约翰逊决定改变方式。当他再看见工人不戴安全帽时，便问帽子是否戴起来不舒服，或帽子尺寸是否合适，并且用愉快的声调提醒工人不戴安全帽的危险性，然后提醒他们在工作时最好戴上。这样的效果很好，工人们也都欣然接受。

这类事件真是不胜枚举。我们再举个例子：

西奥多·罗斯福和塔夫脱总统之间有段广为人知的争论——他们因政见不和导致共和党的分裂，而正是这样，伍德罗·威尔逊当选了总统。当时的情形是这样的：1908 年，罗斯福搬出白宫，共和党的塔夫脱当选为总统，然后，罗斯福就到非洲去捕猎狮子了。当他回到美国后，看到塔夫脱的保守作风，很是震怒。罗斯福除了公开抨击塔夫脱之外，还准备再度出来竞选总统，并打算另组“进步党”。这几乎导致了老共和党的瓦解。结果，在接下来的那次选举中，塔夫脱和共和党只赢得了两个区的选票——佛蒙特州和犹他州，这是共和党遭受到的有史以来的最大失败。

罗斯福谴责塔夫脱，但是塔夫脱并不承认自己有错，他曾含着眼泪说道：“我到底做错了什么？”

此外，还有一个“石油保留地贪污案件”的例子。这件震惊全美的案子发生在20 世纪20 年代初，事实是这样的：

哈定（美国第 29 任总统）政府的内政部部长阿尔伯特·胡佛，拥有两处政府保留给海军以供其日后使用的石油保留地的租赁权。当时，胡佛部长并没有公开招标，他直接把这个权力给了好朋友爱德华·杜黑尼，杜黑尼同时也给了胡佛部长 10 万美金。除此之外，胡佛部长还利用职权之便，驱逐了在爱克陵附近掘油的其他油商。这些油商迫于武力威胁，只好诉诸法庭，这桩贪污案件就这样被揭发出来了。丑闻轰动了全美国，哈定政权也因此垮台。而共和党几乎瓦解，阿尔伯特·胡佛也锒铛入狱。

大家都认为阿尔伯特·胡佛品行不端，但是他从来没有表现出悔意。事情发生几年之后，赫伯特·胡佛总统在一次公开演讲时透露，因为朋友的出卖，哈定总统最终死于心力交瘁。这话让内政部前部长胡佛的太太大为不满，她又哭又叫："什么？我丈夫出卖哈定了？没有！我的丈夫没有出卖任何人，他从未对黄金钞票动过心。相反，是别人把他出卖了，他才会落得这么狼狈的下场。"

你看，人就是这样，做错事时只会推卸责任，而不去责怪自己。所以，当你想责怪别人的时候，请记住"双枪杀手"克洛雷和阿尔伯特·胡佛等人的例子。这些例子至少会让我们明白：批评就像家鸽，最后总会飞回家里。同时，这也让我们明白：当我们想指责或纠正对方时，他们会为自己辩解，甚至会反过来攻击我们。

1865 年 4 月 15 日的早晨，亚伯拉罕·林肯躺在一处简陋寓所的睡床上，等待死亡。这所住屋就在福特别墅的对街，也就是林肯被约翰·布斯枪杀的地方。林肯颀长的身躯斜躺在松垮的睡床上，墙上挂着一幅简陋名画《马集》，房间里的煤油灯闪着昏黄的光。

林肯临终时，陆军部长史丹顿说道："躺在这里的，是人类有史以来最完美的统治者。"

林肯是如何与人交往的呢？我花了 10 年时间研究林肯的一生，花了 3 年时间写作、修订了一本书——《林肯的另一面》。我相信，我对林肯各方面的研究，比任何人都要详尽彻底，尤其是对林肯待人处世的方法，更有独特的心得。其实，林肯也很喜欢批评别人。他住在印第安纳州的时候，年纪尚轻，他不仅喜欢评论是非，而且喜欢写信、写诗讽刺别人。他常把写好的信丢在乡间路上，当事人很容易就能发现。

林肯在伊利诺伊州的春田镇当律师时，仍改不了这个毛病。

其中，有封信使他刻骨铭心，永生难忘。

1842年秋天，他在《春田日报》上发表了一封匿名信，嘲弄一位自视甚高的政客席尔斯，全镇哄然，引为笑料。自负而敏感的席尔斯当然愤怒不已，查出写信之人后，要求和林肯决斗。林肯本不喜欢决斗，但迫于情势和为了维护荣誉，只好接受挑战。由于手臂长，他选择了骑兵的腰刀，并且向一位西点军校毕业生学习剑术。到了约定日期，林肯和席尔斯准备在密西西比河上决一生死。幸好，在最后一刻，有人阻止了他们，才终止了这场决斗。

作为林肯终生最难堪的一桩事，这让他懂得了与人相处的艺术。此后，他再也不随便嘲讽别人了；也正是从那时起，他不再指责他人。

南北战争期间，林肯好几次调兵遣将，更换的波普、伯恩赛德、胡克和米地等将领接二连三地出错，几乎使林肯陷入绝境。国人都指责他用人不当，但林肯毫不怨天尤人。他最喜欢的一句名言是："你不议论他人，他人就不会议论你。"

当时，林肯夫人极力谴责南方人。林肯却说：“不用责怪他们，换作我们，也一样。”

1863年7月1日到3日，盖茨堡战役爆发。7月4日晚上，李将军开始撤向南方。李将军带着败兵逃到波多马克河边时，正值暴雨，只见前方是高涨的河水，后方是乘胜追击的政府军，李将军进退维谷。林肯知道，这是难得的良机，如果此战胜利，战争很快就可以结束。林肯不但用电报下令，并且另派专差传信，要米地不用召开军事会议，马上出击李将军。

然而，米地完全违背了林肯的命令，先召开紧急军事会议，后又迟疑不决，拒绝攻打李将军。最后，水退了，李将军和军队越过了波多马克河，顺利南逃。

林肯知道后勃然大怒：“这是怎么一回事？他们就在伸手可及的地方，只要我们出击，他们必定跑不掉的。难道我说的话不能让军队移动半步？在这种情况下，任何人都可以打败李将军，连我都可以让他俯首就擒。”

极端失望之余，林肯坐下来给米地写了一封信。虽然此时的林肯言论措辞都比以前保守克制，但这封写于1863年的信还是准确表达了林肯内心的极度不满。

亲爱的将军：

你一定也对李将军逃走一事感到遗憾。只要他一就擒，加上我们最近获得的胜利，战争即可结束。但现在，战争还将继续。上星期一，你不能顺利擒得李将军，如今他逃到波多马克河之南，成功又将从何说起呢？期盼你会成功是不明智的，而我也并不期盼你现在会做得更好。良机不再，我实在深感遗憾。

米地将军读完这封信会作何感想？

令人意外的是，林肯并没有把这封信寄出去。后来，别人在一堆旧文件中发现了它。

林肯在写完这封信之后，望着窗外，想到如果当时是自己身在盖茨堡，像米地一样每天看见许多人流血，听见许多伤兵哀号，大概也会做出同样的决定吧。无论如何，事情已成定局，寄出这封信，除了可以让自己一时觉得痛快以外，没有别的用处。而且，米地接到这封信后会为自己辩解，会反过来攻击林肯，到时候只会让双方都不愉快。

于是，林肯把信搁到一边，惨痛的经验告诉他：尖锐的批评和攻击是不会有成效的。

我年轻时，曾写了一封可笑的信给理查德·哈丁·戴维斯。他当时是美国文坛新锐，颇引人注意。那时，我负责帮杂志介绍作家，便写信给戴维斯，请他谈谈他的工作方式。这之前，我曾收到一封信，信后附注："此信乃口授，并未过目。"这话留给我极深的印象，我当时认为，这显示了写信人的忙碌和其身份的重要性。于是，我在给戴维斯的信后也加了这么一个附注。实际上，我当时一点也不忙，只是想给戴维斯留下一个较深刻的印象。

戴维斯把我寄给他的信退回来，并在信后附了一行字："你恶劣的行为，只能更增添原本恶劣的风格。"弄巧成拙的我受到这样的指责并没有错，但我仍十分恼火，甚至当我

10 年后获悉戴维斯过世的消息时，我还能深刻回忆起当初自己受到的伤害。

由此看来，一点刻薄的批评即可引来令人至死难忘的怨恨。

每个人都并非 100% 的理性，我们的内心充满了情绪的变化、成见、自负和虚荣。

英国著名小说家托马斯·哈代曾因受到苛刻的批评而放弃写作，而诗人托马斯·查特敦年轻的时候并不圆滑，但后来却因出色的外交技巧成了美国驻法大使。他的成功秘诀是：不说别人的坏话，只说别人的好处。

只有愚笨的人才批评、指责和抱怨别人。然而，善解人意和宽恕他人需要有修养、自制的功夫。

托马斯·卡莱尔说过："伟人是在对待小人物的行为中显示其伟大的。"

鲍勃·胡佛是个有名的试飞驾驶员，时常表演空中特技。一次，他从圣地亚哥表演完后，准备飞回洛杉矶。当飞机飞到 300 英尺①高的地方时，飞机的两个引擎同时出现故障。但他反应灵敏，控制得当，最终使飞机降落，无人伤亡，但机身已面目全非。

胡佛在紧急降落之后检查了飞机用油，原来，飞机装的竟是喷射机用油。

回到机场，胡佛见到了懊悔不已的年轻机械保养工人。他不但毁了一架昂贵的飞机，甚至差点造成 3 人死亡。但愤

---

① 300 英尺等于 91.44 米。

怒的胡佛并没有责备那个机械工人，只是伸出手臂，拍拍工人的肩膀说：“为了证明你不会再犯错，请你明天帮我修护我的 F－51 飞机。”

在家庭生活中，父母很喜欢责备小孩。但我不会说“别责备小孩”。我要说的是，在责备之前，请你读一篇有名的文章——《父亲备忘录》。

父亲备忘录

听着，孩子，我想对你说些话。此时你睡得正熟，我偷偷溜进你的房间，因为我的内心不断地受到斥责，使我终于带着愧疚的心情来到你的床前。

我想了许多事，孩子，我常常对你发脾气。你没洗干净脸就准备上学，我责备你；你没有把鞋子擦干净，我责备你；看到你把东西乱扔，我生气地对你吼叫；早餐时，我也对你大呼小叫。

你吃完饭准备去玩，我也准备出门，你转过身，挥着小手喊：“再见，爸爸！”而我仍皱着眉头回答：“肩膀挺正！”

到了傍晚，情况还是一样。我在路上看见你跪在地上玩玻璃弹球，袜子磨破了。我不顾你的颜面，当着别的孩子的面对你吼叫，让你回家。想想看，孩子，这话居然出自为人之父的人口里！

刚才我在书房看报，你怯生生地走过来，眼里带着惊惶的神色，站在门口踌躇不前。我不耐烦地叫道：“你要什么？”

你不说一句话，只是快步跑过来，吻过我就走了。

孩子，就是那时候，报纸从我手中滑落，我突然觉得害怕。因为我已经养成了挑错、呵斥的习惯。孩子，不是我不爱你，只是我对你期望过高，所以不自觉地会对你苛刻。

其实，你的本性善良。这一点从你天真自然、不顾一切地跑过来向我亲吻、道晚安的动作可以看出来。孩子，今晚其余的一切都不重要了，现在我在你的床边，深觉愧疚！

这是一种无力的赎罪。你未必懂得我的意思。但是，从明天起，我会开始认真地做一个真正的父亲！我会成为你的好朋友，无论欢乐、痛苦，都陪在你身边。我会每天告诉自己："你只不过是个男孩！"

我实在不该把你当成大人看待，孩子，现在你疲倦地蜷缩在床上，完全还是婴孩的模样。我对你实在太苛刻了。

由此看来，我们应尽量别责骂别人，让我们尽量设身处地去想他们为什么要这样做。同情、忍耐和仁慈比批评责怪要有益、有趣得多。

了解就是宽恕。

约翰博士也说过："上帝也不愿评判别人，直到末日审判的来临。"

既然如此，你我又何必如此呢？因此，从现在开始，请记住为人处世的第一大原则：

请勿批评、责怪或抱怨他人。

真诚地赞赏他人

你可以用枪威逼他人，要他乖乖交出手表；可以用“炒鱿鱼”来威胁员工听你的话；也可用体罚或恐吓的办法使小孩听话。但是，这些拙劣的办法会带来极为不良的后果。

在这里我想告诉你，真正有效的方法是给予他人。

弗洛伊德认为，一个人做事的动机有两点：性冲动和渴望。美国学识最渊博的哲学家之一——约翰·杜威则认为，人类本质里最深远的驱动力就是“满足自己的需要”，“希望具有重要性”这一点非常重要。

那么，一个人到底需要什么？其实，人的所求并不多。但不可否认，有一些东西的确是你极希望拥有的。通常，大多数人需要的东西包括：

（1）健康；

（2）足够的食物；

（3）充足的睡眠；

（4）财富；

（5）未来生活的保障；

（6）性的满足；

（7）后代的幸福；

（8）被人重视的感觉。

一般来说，最后一种需求最难得到满足。这项需求的根深蒂固，以及人们对其的迫切期望绝不亚于其他。这也就是弗洛伊德所说的“渴望伟大”，杜威所说的“希望具有重要性”。

林肯曾在写信时提到，“每个人都希望被人称赞”；威廉·詹姆斯也说过：“人类本质里最殷切的需求是渴望被人肯定。”威廉没有使用“希望”“需要”“盼望”等字眼，而用的是“渴望”这个词。

这种渴望使人脆弱并易于被他人掌控，这是人与动物的最大区别之一。

我小时候住在密苏里州乡间，父亲和我带着自家养的几头品种优良的红色大猪和一头血统优良的白牛参加美国中西部一带的家畜展览，并且获得了特等奖。父亲把特等奖蓝带别在一块白色软洋布上，逢人就炫耀一番。

猪和牛并不在乎凭借自身赢来的蓝带，但父亲却十分珍惜，因为那使他产生“自己具有重要性”的感受。如果我们的祖先没有这种“希望具有重要性”的渴望，也许就不会有现在的一切文明，我们也无法从动物进化为人。

这种渴望曾促使一位未受教育、极度贫苦的杂货店店员去研究他花了 5 角钱所买到的法律书，他就是林肯。同时，这种渴望促使狄更斯写下了不朽的作品；这种渴望鼓舞克利斯多夫·瑞爵士（英国著名建筑家）在石头上创作出诗篇；这种渴望使洛克菲勒积累了巨大的财富；这种渴望使有钱人建造了超出实际所需的大房子；这种渴望使你想要最新款式的衣服、最新的汽车，或者炫耀一下你聪明的孩子；这种渴望驱使许多青年男女加入了不良帮派。曾担任过纽约市警察局局长的莫洛尼说，许多青年人为了能在报纸上出风头而犯罪，他们渴望可以和那些运动健将、影视明星或政治人物的照片同时出现在报端，他们从不考虑如何度过在监狱的日子。

你如何满足这种“具有重要性”的需要，代表了你是怎样的一个人。这取决于你的人格，因为这是对你最具有意义的事。洛克菲勒让自己觉得“具有重要性”的方法，是捐钱在国外建立一所现代化的医院。狄令格让自己感到“具有重要性”的方法是走上歧途，抢劫银行。他逃到密苏里州的一处农舍，对着惊惶的农民说道：“我是狄令格！我不会做伤害你们的事，但你们要知道，我是狄令格。”他似乎对自己拥有第一号社会公敌的身份感到自豪。

是的，狄令格和洛克菲勒最大的不同之处就是，他们采取截然不同的方式实现自己的价值。

这类例子不胜枚举。乔治·华盛顿喜欢人家称呼他“美国总统阁下”；哥伦布要求女王赐予他“舰队总司令”的头衔；凯瑟琳女皇不接受没有注明“女皇陛下”的信函；林肯夫人因没有接到某一次邀请而大发雷霆。1928 年，好几个百万富翁因渴望用自己的名字命名南极山岭而花巨资资助拜尔德将军到南极大陆探险。雨果甚至希望巴黎能改名为雨果市。甚至连莎士比亚，也千方百计想为自己的家族获得一枚荣誉徽章。

此外，也有人用病痛来引起别人的关注。美国第25届总统威廉·麦金利的夫人有一次因为修补牙齿，坚持要丈夫留下来陪她。但总统先生与国务卿约翰·海伊有约，不能留下，夫人还因此大闹了一场。

专家指出，人在幻觉中寻求肯定自己的重要性是出于精神异常的原因。在美国，精神疾病对人的困扰超过任何疾病。

我们无法回答精神失常的原因到底是什么，但是我们知道，有些疾病，比如梅毒，会损坏脑细胞而造成人的精神异常。但事实上，半数的精神疾病都是生理因素引起的，如脑部障碍、酒精、毒素和外伤等。

但是，除了生理因素引起的半数的精神疾病患者，还有一半是脑器官完全正常但精神异常的人。根据死后的验尸报告，这些人的脑部组织和正常人一样健康。那么，为什么这些人会精神失常呢？

我向一家著名精神病医院的主治医师请教这一问题。他很坦然地告诉我，没人知道精神异常的原因。但是，这位医师指出，许多人是因为想到另一种世界去寻求在现实生活中得不到的“被肯定的感觉”，这种行为往往造成了我们所说的精神失常。他还给我讲了一个他现在的病人的例子：这个病人的婚姻极不美满，她渴望得到爱、孩子和社会地位。但是，现实生活摧毁了她所有的希望。她的丈夫并不爱她，她没有孩子，没有社会地位，于是，她发疯了。她想象自己与丈夫离了婚，同一位英国贵族结了婚，并要大家称她为史密斯夫人。

她经常幻想自己有小孩。每次医师去看她时，她都说："医师，我昨天生了个小宝贝。"

她在想象的世界中能得到满足和快乐。

这是一出悲剧吗？我不知道。医师告诉我："即使我真能矫正她的病状，我也不会那样去做的，因为她现在很快乐。"

查理·夏布是当年全美国少数年收入超过百万美元的商人。1921 年，安德鲁·卡耐基慧眼独具，提名夏布为新成立的"美国钢铁公司"第一任总裁时，夏布才 38 岁。

为什么安德鲁·卡耐基每年要花 100 万美元聘请夏布呢？况且，他的日薪是 3000 多美元。他是个天才？还是他对钢铁生产比别人懂得多？都不是。夏布亲口告诉我，许多人在技术上都比他懂得多。

夏布说，他之所以获得高薪，主要是因为他善于管理人事。我问他是如何做到这一点的，他说了如下至理名言：

> 赞赏和鼓励是促使人发挥自然热情的最好方法。
>
> 来自长辈或上司的批评，最容易使一个人丧失斗志。因此，我从不批评他人，我相信，奖励和表扬一定能激发人工作的热情。真诚、慷慨地赞美他人是我的最爱。

这就是夏布成功的秘诀。但是，一般人则正好相反。假如他们不喜欢一件事，必定会对下属大吼大叫；如果喜欢，就默不作声。

"我接触过各种人。"夏布说道，"我发现，无论多么伟

◇ 人人都喜欢被赞美 ◇

在短短三年内，您是如何成为销售冠军的？
我的秘诀就是真诚赞美客户。

比如说，在拜访客户时我总是称赞对方过去的成就。
您可以举个例子来详细谈谈吗？

每当我赞美他们时，我们之间的沟通就非常顺畅。
他们的反应如何？

人人都希望他人能看到和认可自己的成就。
看来，赞美真是一种绝妙的销售技巧。

大或尊贵的人，他们和平常人一样，赞美可以使他们奋发工作，指责则会降低他们工作的积极性。”

其实，这也是安德鲁·卡耐基先生取得成功的主要原因。夏布指出，卡耐基常常称赞他人，无论是公开还是私下。卡耐基甚至在自己的墓碑上也不忘记“恭维别人”，他为自己写下这样的墓志铭：“这里躺着一个人，他懂得如何奉迎比他聪明的人。”

此外，真诚的赞赏也是约翰·洛克菲勒的管理法宝。举例来说，爱德华·贝德福特是洛克菲勒的合伙人之一，他在一次生意中令公司损失了100万美元。当时，洛克菲勒当然可以指责贝德福特，但是他并没有这样做，因为他知道贝德福特已经尽力了，并且这已经是过去的事了。于是洛克菲勒另找其他的事表扬贝德福特。

我的剪报中有个小故事：

> 有个农妇在劳累了一天之后，为干活的几个男人准备的晚餐竟是干草。愤怒的男人质问她是否发疯了，农妇答道：“嘿，我怎么知道你们不爱吃呢？20年来，我一直煮饭给你们吃，你们从没告诉我你们并不吃干草啊！”

一项对离家出走的妇女进行的调查显示，这些妇女离家的主要原因是“没有人领情”。我相信，离家出走的男人也大概有相同的理由。在生活中，即便我们心存感激，我们也许从未向另一半说出自己的感激之情。

有个朋友的妻子参加了一种自我训练与提高的课程，回家后，她要求先生写出6项对自己不满意的地方。这位先生说道："这个要求真让我吃惊。坦白地说，这件事再简单不过——我估计能列出上百条。但是，我却说：'让我想想看，明天早上再告诉你。'第二天，我清早就打电话要花店送6朵红玫瑰给我太太，并且附上纸条写道：'我不希望你改变，我就喜欢你现在的样子。'傍晚回家的时候，我的太太几乎含着眼泪在门口等着我回家。还好，我没有真的写出几条意见。星期天，她再次去上课的时候，她把事情经过向课上的其他人讲述出来，许多太太走过来告诉她她们的羡慕之情，我也因此体会到了赞赏的力量。"

佛罗伦兹·齐格飞是百老汇优秀的歌舞剧家，他能够为美国女孩增添光彩。他常用殷勤、体贴的力量打动女士们的心，让她们自信。他十分看重现实，为歌舞女郎加薪；他也很浪漫，首演之夜，必送每个歌舞女郎一大束红蔷薇，他的赞美和殷勤使无数平凡女孩成为舞台明星。

我曾绝食过6天6夜，最难熬的是第二个晚上。你我都知道，如果让家人或雇员6天不进食，我们一定有犯罪感。但我们常常6天、6星期甚至60年都不称赞家人，想必，他们的精神必定早已饥饿异常。

我们会照顾他人的身体，但是我们很少照顾过他们的自尊。我们给他们牛肉、马铃薯，以使其补充体力，但是却忽略了能充实他们心灵的感谢与赞美。

在日常生活中，我们常常忽略赞赏这一美德。有时候，儿女从学校带回一份好成绩单，我们忘了称赞他们；当孩子们第一次完成了手工作品，我们也忘了鼓励他们。然而，父母的称赞却是每个孩子都渴望的。

下一次，你在餐馆用餐时别忘了称赞厨师和店员。

当演讲者、公共发言人倾其所有给听众，却得不到一丝赞赏时，他们的内心将无比失望。同样的情形也会发生在办公室、店铺、工厂和家里。每个人都渴望被人称赞。通过赞美给他人以欢乐，这是一种美德。

赞美可以使你和他人的生活更加快乐。

下面是一则古老而深刻的格言，我每天都要朗诵几遍：

> 人的生命只有一次，所以，任何能贡献出来的好与善，我们都应该立马付诸实践。不要迟缓，不要怠慢，因为生命只有一次。

爱默生说过："身边的每个人都可以做我的老师，我可以从他们身上学到很多东西。"

爱默生尚且遵循这样的原则，那我们普通人在日常生活中更应该懂得欣赏和赞美别人。不要老想着自己有多了不起，而应尽量去发现别人的优点，然后发自肺腑地去赞赏他们。

这是待人处世的第二大原则：

真诚地赞赏他人。

激发他人的强烈需求

每逢夏天，我总喜欢到缅因州一带去钓鱼。我很喜欢吃鲜奶油草莓，但鱼只爱吃虫，所以，当我钓鱼的时候，我总是想着鱼儿爱吃什么。我没有用自己爱吃的鲜奶油草莓当诱饵，而是用昆虫，然后，我便可以对鱼儿说："你们要不要尝尝看？"

当你想要他人为你做些什么的时候，这种方法也同样适用。

"一战"期间，英国首相劳合·乔治正是采用了这种做法。有人问他，许多战时领袖——像威尔逊、奥兰多和克里孟梭，都逐渐被人们遗忘，而他如何能一直都位居要职？乔治回答，原因就在于你要钓到什么样的鱼，就得用什么样的诱饵。

为什么要提到我们的需要呢？很简单，每个人都关注自己的需要，但除了你自己，可能再没有人对你感兴趣了。别人和你一样，只注意自己的需要！

所以，天底下只有一个方法可以影响人，那就是提出他人的需要，并且让他们知道怎样去获得，也就是激发他人的需求来影响他人。

所以，记住，从明天起，要想让某人做某事就要激发他人的需求。举个例子来说，假如你想让儿子戒烟，不用说别的什么，只要告诉他们，抽烟可能使他们进不了棒球队，或输掉百米赛，他们就会乖乖听话。这种方法百试不爽。

哈利·欧佛瑞在《影响人类行为》一书中深刻地写道：我们的欲望是行为的动机，无论何时何地。对那些自认为是“说客”的人而言，有句话可以算是最好的方法：要想达到目的，首先引起别人的渴望。凡是能这么做的人，他就能左右逢源、永不寂寞。

安德鲁·卡耐基曾是贫穷的苏格兰少年，刚开始工作时，每小时只赚2美分。但正是这样的一个贫困少年，后来却捐出了3.65亿美元。因为他很早就懂得为他人着想是影响他人的唯一方法。虽然他只上了4年学，却深谙处世之道。

卡耐基有两个侄子在耶鲁大学，但他们经常忘记写信回家，完全不理会家人的担心。安德鲁·卡耐基为此打赌100美元，说他可以让这两位侄子在接到他的信后马上回信，即使他在信里不会提到这一点。于是，他写了一封闲话家常的信给两个侄子，还提到信封里装了5美元，作为礼物送给他们。

当然，他并没有把钞票放进信封里。

很快，两个侄子就回信了，在感谢亲爱的安德鲁伯伯之余，还说没有收到那5美元。

你也许也会有机会要求某人做某事。在你开口之前，请先停下来问你自己：“我怎样才能调动他的积极性呢？”

这样的思考会让我们不至于过分急躁，更不至于徒劳无功，效果也会更好。

有一次，我准备在一家饭店做一个为期20天的季节性系列演讲。就在开讲日期快到的时候，我突然接到通知，饭店要我多付3倍的价钱。那时，我的所有通知都已经发出去了，我自然不愿多付费用。但是，饭店只注意自己的需要，坚持要我多付钱。于是，我直接去找他们的经理。

“我对你们的要求非常不满。”我说道，“但是，我并不责怪你们，换作是我，说不定我也会这么做。你身为经理，当然得为饭店的利益着想，如果不这么做，你的领导一定不高兴。但现在，让我们拿张纸来，写下让我多付钱这件事可能会对你们产生的影响。”

我拿出一张纸，在上面画出两栏，一栏上面写“利”，另一栏上面写“弊”。我在“利”栏写上：大厅可作他用。并且说明：“空下来的大厅可另外租给人跳舞或开会，这样，收入会增加许多。假如我将大厅占用了20个晚上，这当然表示你们失去了赚大钱的可能性。”

“现在，让我们看看弊的部分。首先，如果我另外择地举行，这就意味着你们将得不到我的这笔收入。第二点，我的演讲将会邀请许多受过教育的文化人士来到饭店，这是极好的宣传机会。实际上，假如你们在报上做广告，不但价格不菲，而且不一定能吸引这么多人前来参观，这对饭店来说，其实更划算啊。”

我一面说，一面在“弊”栏写下刚才说的两点。然后对经理说：“希望你仔细考虑一下，并尽快告知我。”

第二天，饭店回信来了，告诉我租金只上涨50%，而不是原来的3倍了。在上述过程中，我完全没有谈价格，我一直谈到的是对方的需要，但却取得了成功。

假如，当时我直接怒气冲冲地跑进办公室里咆哮：“什么，你们把租金上涨了3倍，这不是出尔反尔吗？我的东西都印好了，可你们现在一口气涨了3倍！岂有此理！太不讲道理了！我不会付钱的！”

结果可想而知，当然是唇枪舌剑争闹一番，而且你也知道争闹的结果是什么。纵使我说服对方，使他意识到自己错了，但在自尊心的促使下，他也未必愿意做出太大的让步。

亨利·福特曾对如何处理人际关系提出了如下忠告：“成功的人际关系在于你捕捉对方观点的能力，还有就是，达到双赢。”

这话真是金玉良言，我愿意重述一遍：“成功的人际关系在于你捕捉对方观点的能力。还有就是，看一件事须兼顾双方的利益。”

这道理十分简单明了，每个人都应该能一眼看出此话的合理性。但是，仍有很多人忽视其重要性。

现实中有很多这样的例子。明天早上，看看你接到的信件，你便会发现大多数人忽略了这一原则。一家货运总站的管理人员写下了这样一封信：

敬启者：

敝公司的卸货总站，因货物皆于傍晚到达，致使效率低下。例如，贵公司于11月10日送来510件货物，皆同时于下午4:20抵达。

因此，我们恳请贵公司合作，协助解决因大量货物迟运而造成的种种困难。若能提早送货，我们也好尽快处理。

这样的安排想必亦对贵公司有利。由于卸货迅速，贵公司的作业亦必能在同一天内完成，不致迟延。既能降低成本，又能提高效率。

你最忠诚的JD管理人

奇瑞格公司的业务经理爱德华·瓦米伦阅读此信后，谈了他的看法：

这封信并没有达到其应有的效果。信的开头叙述总站的难处。这样的开场白很难引起我们的兴趣。它要求合作，却忽略了我们的不便之处，一直在提自己的要求。

最后，它提到对他人的要求，不但很难达到要求合作的效果，反而更容易导致他人的反感。

我们可以试着改写这封信，以增强效果。我们不必浪费笔墨，大谈自己的苦经，就依照亨利·福特所讲的，“捕捉对方观点”，“看一件事须兼顾双方的利益”。下面是这封信的一种改进写法：

亲爱的瓦米伦先生：

作为我们最好的主顾之一，14 年来，我们十分感谢贵公司的惠顾，也愿意继续与贵公司合作。

但是，由于贵公司最近大批运货同时于午后到达，致使我们效率降低。因为其他公司的货物同时送达，这样难免造成拥挤，影响卸货，致使有些货物不能按时运送，我们感到十分遗憾。为了避免此种情形发生，如果可能的话，能否请贵公司的货车在上午抵达，这样便不会造成拥挤，也好及时处理货物，我们的员工也可以准时在下班后，享受由贵公司生产的美味面条和通心粉。

当然，无论如何，我们都会尽可能提供最迅速、最热诚的服务。

不用急着回信。

你最忠诚的 JD 管理人

许多推销人员，踏破铁鞋却徒劳无功。为什么？因为他们心里想的都是自己的需要。他们不知道你我并不想买什么东西，即使想也会亲自采购。他们不知道，顾客总是相信自己的选择。

亚拉巴马州的霍华·卢卡斯告诉我，他认识两位同在一家公司工作的推销员，他们处理问题的方式截然不同。他说道："好几年前，我和几个朋友共同经营了一家小公司。有家大保险公司的服务处就在我们公司附近。这家保险公司的经纪人都分配好了辖区，卡尔和约翰负责我们这一区。

"有天早上，卡尔路经我们公司，提到他所在的大保险公司专为主管人员新设立了一项人寿保险。他想我们或许会感兴趣，所以特地告诉我们一声，等他搜集更多资料后，再跟我们详细说明。

“同一天，在休息时间用完咖啡后，约翰看见我们走在人行道上，便叫道：‘嗨，卢卡斯，有条好消息告诉你们。’他跑过来，很兴奋地说了卡尔上午跟我们说过的事。他给了我一些重要资料，并且说：‘这项保险是最新的，我向总公司申请明天派人来跟你们详聊。咱们先在申请单上签名送上去，好让他们抓紧办。’他的热心引起了我们的兴趣。虽然对这个新办法的详细情形还不甚明了，但我们都不知不觉同意了，更相信约翰必定对这项保险有最基本的了解。最终，约翰卖给我们的项目比卡尔多了两倍。

“这生意本是卡尔的，但他没有吸引我们，以致被约翰捷足先登了。”

这是个充满竞争、充满经营机遇与风险的世界，少数表现得不自私、愿意帮助别人的人，便能得到极大益处。美国著名律师、商业领袖欧文·扬说过：“能设身处地为他人着想，了解别人心里想些什么的人，永远不用担心未来。”

因此，请记住待人处世的第三大原则：

把他人的需求摆在首位。

第二章

如何使人喜欢你

学会真诚地关心他人

其实，我们大可不必通过阅读书本去学习如何交友，只要我们向世界上最有人缘的动物学习这种技巧，就能受益匪浅。那么，谁最得人缘呢？其实，你每天都能在街上见到它。当你走到距离它 10 英尺附近时，它就会向你摇头摆尾；如果你停下来拍拍它，它就会高兴地舔舔你以示亲热。而且它没有任何企图，它既不会要你买房子，也不是想同你结婚。我想大家都明白我说的是什么了——一只可爱的狗。

你有没有想过，狗是唯一不用工作却能得以生存的动物？母鸡得下蛋，奶牛得产奶，金丝雀得唱歌，但是，狗却仅仅只要对你表示亲热就可以了。

在我 5 岁的时候，父亲花钱买了只小黄毛狗给我，我叫它“蹋皮”。有了它，我的童年也增加了不少欢乐。每天下午 4 点半左右，它会趴在院子里，用那对漂亮的眼睛瞪着门前那条小路。只要一听到我的声音，或看到我拎着饭盒穿过小路，它就飞奔过来欢迎我，而且会高兴地吠个不停。

踢皮从没学过心理学，可它却能凭着其天赋和本能，在两个月内，借着对人表示亲热而赢得许多朋友。可是，人类很难在两年之内交到知心朋友。

你我都知道，有些人一生都在哗众取宠。当然，这是枉费力气。因为人们根本不会注意你我。他们注意的只是自己，无论何时何地。

纽约电话公司曾采用电话通话做过一项调查，看看人们最常用的字是什么。想必你一定猜到了，正是“我”这一字眼。500 个通话中，这个字约用了 3900 次。

当你见到一张你和别人的团体照时，你肯定先关注自己！如果我们只是想引起别人的注意，想给别人留下印象，我们就不可能交到真正的朋友。想要一位真正的朋友，用这种方法是结交不来的。

拿破仑就曾经用过这种方法，当他在最后一次见他的妻子约瑟芬时，他说道：“约瑟芬，我曾经是世界上最幸运的人，但是现在，你是我唯一的依靠了。”可据历史学家分析，他根本不相信约瑟芬。

你可能读过许多心理学方面的著作，但下面这段话堪称经典。阿德勒的这段话实在发人深省，让人不自觉重温：

> 凡不关心别人的人，有生之年必遭受重大困难，并且会波及他人。人类的种种错失皆源于此。

我在纽约大学进修“短篇小说写作”课程的时候，一家杂志社的编辑曾在课堂上说，每天都有人将自己写的故事送到他桌上，他只要读上一小段，便可以看出作者是不是真正关心他人。“如果作者不关心他人，人们相应地也不会关心他的故事。”他说。

如果写小说是那样的话，那么，在待人接物、为人处世方面就更是如此了。

有一次，我在霍华·舍斯顿的后台更衣间里待了一个晚上。舍斯顿是公认的魔术大师，40 年来，他走遍天下，制造出了各种幻境，令观众惊讶不已，同时也为他带来了巨额的财富。

舍斯顿并没有受过良好的学校教育，因为他很小就离家出走浪迹天涯。他是通过躲在货车里向外看路标的方式，渐渐学会了认字的。

他是不是真的懂得高人一等的魔术呢？不是。变戏法的书籍浩如烟海，变戏法的人多如繁星。但他有两件法宝：第一，他能够在舞台上表现出自己的个性。舍斯顿是个深谙人性的表演大师。他在舞台上的每个动作、手势、声调，甚至扬眉微笑，都会事先小心地演练一下，甚至连时间也不差分毫。但是，除此之外，舍斯顿最大的成功之处在于他关心“人”。他告诉我，许多魔术师在面对观众的时候，会瞧不起观众，但是舍斯顿却绝不如此。他每次上台的时候都对自己说：“我很感谢这些人来看我的表演。因为正是他们，让我变得充实，我要尽量把绝活使出来让大家欣赏。”他曾经说过，他上台前，绝不会忘记对自己反复强调：“我亲爱的观众，我爱我的观众。”这可笑吗？荒唐吗？随便你怎么想，我只是把一个著名魔术家的成功秘诀讲述出来而已。

西奥多·罗斯福的侍仆詹姆斯·爱默森写了一本名叫《仆人眼中的英雄——西奥多·罗斯福》的书。书中写道：

> 我太太有次向总统先生问起什么是鹑鸟，因为她从没有见过。总统先生给她做了详细的描述。没过多久，有人给我们打电话（爱默森和太太住在牡蛎湾一栋属于罗斯福产业的小农舍里），我太太跑去接，原来是总统先生亲自打来的，他对我太太说，如果现在从窗户向外看的话，也许她可以看到有只鹑鸟正在窗外。此外，还有诸多类似的小事，它们都显示出总统先生的优秀品质。只要他从农舍经过，一定会过来找我们。有时虽然见不到我们，但可以听见他喊："你好，安妮！""你好，詹姆斯！"这样友善的招呼总是让人感到愉快。

谁都喜欢友善的老板。

在塔夫脱总统任职期间，有一天，罗斯福到白宫来访。总统和夫人刚好有事出去，罗斯福对待下人的诚挚便真实地流露出来了，他能叫出每个仆人的名字。

"当他见到在厨房里工作的女仆爱丽丝时，他问她是否还在烘玉米面包。"阿奇·巴特这样记载道，"爱丽丝说，她只做给仆人吃。"

"他们真不懂得品味。"罗斯福大声说道，"我一定要告诉总统。"爱丽丝用盘子装了一些玉米面包给他。他边吃边走向办公室，并且一路和园丁、工人打招呼，跟每个人寒暄聊天。曾经在白宫当过40年仆役的艾克·胡佛含着眼泪说道：

"这是我两年来唯一感到快乐的日子，给我多少钱都不换。"

关心每一个平凡的人，还使得新泽西州的一位业务代表挽回了一个客户。这位名叫小爱德华·赛克斯的业务代表，在报告中说道："好几年前，强生公司派我去麻省一带拜访客户，其中之一是位于兴罕的药品杂货店。每次我去杂货店的时候，都会跟柜台里的职员寒暄几句，然后才去见店主。一天，店主突然告诉我，他不想再买强生公司的产品了，因为强生公司的许多活动都是针对食品市场和廉价商店而设，小药店承受不了这样的伤害。于是，我落荒而走，开着车在镇里漫无目的地徘徊。最后，我决定再回店里，向他们解释清楚。

"走进店里的时候，我照常和柜台员工打招呼，然后进到里面见店主。店主看见我的到来很高兴，欢迎我回来，并且比平常多订了一倍的货。我十分惊讶，忙问发生了什么事。他说在我离开店铺以后，柜台卖饮料的男孩走过来告诉他，说我是到店里来的推销员当中，少数几个会同他打招呼的人之一。他告诉店主，跟我合作会很愉快。于是，店主接受了这个职员的建议，并且从此成了我最好的客户。因此，我铭记对人关心是推销员必须具备的特质。"

我从个人的经验中也发现，只有你真正关心他人，才能赢得他人的注意、帮忙和合作。从凡夫俗子到重要人物，概莫能外。

几年前，我在布鲁克林文理学院讲授"小说写作"课程，我想邀请些有名的作家，讲述他们的写作经验。于是，我们在信中除了称赞他们的工作成就外，还说明了我们如何希望得到他们的一些忠告和成功的秘诀。

我知道他们工作繁忙，于是，我们附寄了一些希望他们回答的问题，以便节省他们备课的时间。结果，他们高兴地接受了这样的安排，并全部答应前来讲座。

如果我们想结交朋友，就要先为别人做些需要花时间、精力、体贴、奉献才能做到的事。当温莎公爵还是威尔士亲王的时候，他曾到南美旅行。临走之前，为了给当地人作演讲，他花了好几个月的时间学习西班牙文，因此，南美洲的人特别尊敬他。

多年来，我一直想知道朋友们的生日。于是，我四处去请教他人占星学，向他们请教生日对一个人性格气质的影响。我借机记下他们的生日。我把这些资料写在日历上，等有人生日到了的时候，便送信或发电报过去。此举效果相当不错，我大概是全世界让他们印象最为深刻的人了！

如果我们想结交朋友，一定要真诚热情地向人致意。现在有许多公司要求接线员在回答电话的时候，要尽量让声音显得关心、热忱。因为这种回话的语调，可以让听的人感觉到这家公司的诚意。让我们在下次打电话时牢牢记住这个要诀。

真诚地关心别人，不仅会让你结交朋友，还会为公司带来利润。位于纽约的一家银行，在出版物里刊登了一封储户玛德琳·罗丝戴尔的来信：

> 我想让你们知道，我十分感谢贵银行的职员。他们个个谦虚有礼，乐于助人。长时间的排队和等候之后，能得到柜台出纳员亲切的问候，真让人感到高兴。

去年，我母亲住院5个月，使我常有机会去找玛丽。她只是一个柜台出纳员，却非常关心我母亲，常向我母亲问好。

毫无疑问，罗丝戴尔女士以后会常常光顾这家银行。

此外，让我们再举一例。费城的奈佛先生多年来一直想把燃料卖给一家从外地进货的大连锁店，但这家公司的经理却从不考虑奈佛先生的燃料。因此，奈佛先生有天晚上在我们的课堂演讲时大骂这家连锁店。

他始终不明白，别人为什么不愿买他的燃料。

我建议他改变战略。首先，我们准备在课堂上举行一次辩论会，主题就是连锁店的广泛分布是否对国家弊多利少。我建议奈佛先生加入反方。由于要为连锁店辩护，他便前往拜访了一位他原本瞧不起的连锁店经理，并告诉他："我不是来推销燃料的，我是来找你们帮忙的。"他说明来意，并且说，"我来找你，是因为你能提供很有利的事实。我很希望能赢得这场辩论，无论你提供什么给我，我都十分感激。"

我们让奈佛先生亲自把其余的部分说完：

这位经理同意见我，是因为我原先只要求他抽出一点时间。我说完原因后，他指着一把椅子要我坐下，并且我们谈了整整1小时47分钟。他请来另一位主管，这位先生写过一本有关连锁店的书。接着，他又给全国连锁店工会写信，替我要来一份有关这个问题的材料。他觉得连锁店为人们提供了最真实而方便的服务，他也为能服务社区而感到骄傲。当他侃侃而谈的时候，两眼发亮，我也只得承认他的确让我明白了许多意料之外的事。他改变了我的整个心态。

当我要离去的时候，他陪我走到门口，用手揽住我的肩膀，祝我辩论赛取得胜利，并且要我告诉他辩论的结果。最后，他对我说："春天来的时候请再来看我，我很愿意向你买些燃料。"

这真是个奇迹，他居然主动提起买燃料的事。由于我对他们连锁店的关心，使他也转而关心我的产品，因而，10 年来我都做不到的事竟然在两个钟头内做到了。

奈佛先生发现的并不是什么新的真理。早在耶稣降生前 100 年，有个罗马诗人帕利里亚斯·赛洛斯就说过："关心是相互的。"

关心他人与其他人际关系的原则一样，必须出于真诚。付出关心和接受关心的人都应如此。这样，双方都会受益。

还有，在纽约长岛选修我们课程的马丁·金斯柏报告说，一位护士对他的特别关怀，对他的一生产生了深刻的影响。他的故事是这样的：

在我 10 岁那年的感恩节当天，我在城里一家医院的免费病房里住着，准备第二天进行外科整形手术。那时，我不仅几个月都不能出门，还要忍受疼痛，等待伤口愈合。我的父亲已经过世，母亲和我住在一间小公寓里，接受社会福利救济。那一天，母亲不能来看我。

我感到十分孤单、恐惧和绝望。我知道，母亲一人在家为我担心，而且没有人陪她，没有人同她一起吃饭，她甚至没有钱吃一顿感恩节晚餐。

我忍不住啜泣，我把头埋在枕头和棉被下面，尽量不让自己哭出声来。但我实在太伤心了，因此哭得整个身体都颤动不已。

有位年轻的实习护士听到我哭泣的声音，急忙跑过来。她掀开棉被，拭去我脸上的泪水，然后告诉我，由于工作的原因，她不能和家人团聚，所以也感到很孤单。她问我愿不愿意和她一起用餐，然后便拿了两份食物过来，有火鸡片、马铃薯泥、橘子酱和冰淇淋等。她同我聊天，让我不感到害怕，一直到下午4点换班的时候才离开。而她在晚上11点钟时又回来陪我玩，同我聊天，直到我睡下了才离开。

从那以后，我还度过了无数个感恩节，却只有这个感恩节长留在我心头。在那个特别的日子里，有挫折给我带来的恐惧、孤单，更有来自一位陌生人的温情和关怀。

如果你想要别人喜欢你，或是想改善你的人际关系，那么，要记住，帮助他人也是帮助自己。请记住第一大原则：真诚地关心别人！

不要忘记微笑

最近，我在纽约参加一个宴会，会上有一位客人——一个拥有一大笔遗产的妇人，想给别人留下好的印象。尽管她浪费了很多钱买貂皮、钻石、珍珠，但她的面孔表露出来的还是刻薄和自私的神情。她不明白，其实每个男人都知道这一点，一个女人脸上所表露的神色，远比身上所穿的衣服重要得多。

斯瓦伯告诉我说，他的微笑价值 100 万美元。因为斯瓦伯的人格、他的魅力、他善于讨人喜欢的能力，几乎就是他取得成功的原因。而其人格中一种最重要的因素，就是那令人倾心的微笑。

我有一次同路易斯·雪佛兰在一起坐了一个下午。他是雪佛兰公司的创始人。但老实说，那一次我并没有什么收获，我失望了。他沉默寡言，与我所预料的截然不同，不过，好在他最后还是露出了微笑。他的一笑，对我而言如同拨云见日。也正是这一笑，改变了他的命运。如果不是因为他的微笑，雪佛兰恐怕还在巴黎继续他父兄的职业。

行为胜于言论，对人微笑就是向他人表明：“我喜欢你，你使我快乐，我喜欢见你。”

为什么狗会如此招人喜欢？ 你看它们是何等喜欢看见我们，以至于兴奋得心都好像要从肚子里跳出来似的。 所以，自然而然，我们喜欢它们。

那么，是否只要我们张嘴笑就可以了呢？ 没有诚意的笑也没关系吗？ 不是的，微笑是不能欺骗他人的。 如果我们知道那是一种虚情假意的微笑，我们就会心生厌恶。 因此，我们这里所说的微笑是一种真诚的微笑，是发自内心的微笑。

美国一家大橡胶公司的董事长告诉我，据他的观察，一个人无论做什么事，如果是极不情愿地去做，那么，他很少会成功。 但这位实业界领袖不大相信那句老话：苦干才是我们打开欲望之门的金钥匙。 “我认识的人，”他说，“他们成功的秘诀，就在于他们非常乐意经营他们的事业。 后来，他们也会感到厌倦，他们的工作也开始变得无聊且单调，最终，他们失去了工作的乐趣，以致失败。”

所以，如果你想别人见到你时高兴，你就必须高兴地去见别人。

我曾建议我班上的商界学员，让他们在一天中的每一小时对每一个人微笑，一星期后到班中来分享他们的体验。 效果如何？ 我们且看这里：纽约证券交易所交易员司丹哈德的一封信。 他遇到的情形并非独一无二，事实上，大多数人都遇到过：

我结婚超过18年了，在这期间，从我起床到准备出门做事，我都很难得对我妻子微笑。说得难听点儿，我是百老汇街上所有的过客中脾气最坏的一个。

因为您请我对微笑的经验做一次演讲，所以我就只能自己先试一周看看。所以，次日早晨，当我梳头的时候，看见镜中沉闷的面孔，于是对自己说：“比尔，从今天起改变过去的冷漠。从现在开始，保持微笑。”当我坐下吃早餐的时候，我和颜悦色地对妻子说：“亲爱的，早。”

您曾告诉过我，她或许会惊讶。可是，您低估了她的反应程度，她简直惊呆了。我告诉她，这种情形将会继续存在。从那以后到现在，我已经坚持了两个月。

由于我态度的改变，在这两个月中，我的家庭获得了从未有过的快乐。现在，每当我到办公室的时候，也会微笑着对公寓开电梯的人说声早安。我对我遇见的每一个人都报以微笑。

不久，我发现人人都对我报以微笑。对那些向我抱怨诉苦的人，我也和颜悦色地对待。我面带微笑细心聆听，这样，问题就很容易解决了。我觉得微笑每天都带给我许多财富。

我与另一位交易员合用一间办公室，他的秘书是一个可爱的年轻人。我对自己的收获非常满意，所以我和他分享了处理人际关系的新哲学。在与他交心后，他也向我吐露了心事。他承认，当我初来与他同办公室的时候，在他印象中，我是个可怕的、坏脾气的人。近来，他也改变了对我的看法。他夸我微笑的时候人情味十足。

我摒弃批评，欣赏称赞。我已不讲我要什么，而是看别人的观点是什么。所有的这些都真实地改变了我的生活，我变成了另外一个人，一个更快乐的人、一个更充实的人，我因拥有友谊及快乐而更加充实。

记住，这封信出自一位圆滑世故、为人精明的交易员之手。他在纽约证券交易所以买卖证券谋生，自己立有账户。要知道，这是一个多么不容易成功的行当，99% 的人会失败。

看到这里，你也许觉得自己确实该笑了，那到底该怎么去做呢？至少你可以做两件事。第一，强迫自己微笑。如果你独在一处，可做做自己感兴趣的事。做出快乐的样子，你将会感到非常快乐。已故的哈佛大学教授詹姆斯曾说过：“行动好像是跟随感觉走的。其实不是如此，行动与感觉是并行的。我们能使任何行动有规律。”

因此，如果我们真正丢失了欢乐，也就重新得到了欢乐的途径，那就是欢乐地行动、说话，好像欢乐早已存在一样。

每个人都在寻求快乐，行之有效的方法只有一种，那就是控制你的思想。快乐不在于外界的情况，而是依赖于你自己的内心。

不论你是谁、你在何处、你在做什么事，使你快乐或不快乐的因素是你内心的想法。例如，两个人在同一地方，做同一件事情，彼此有同样多的金钱与声望，可最后，一个会痛

◇ 无论何时都不要忘记微笑 ◇

苦，一个会快乐。为什么？因为心境不同。

“事无善恶，”莎士比亚说，“思想使然。”

林肯曾说：“多数人的快乐同他们所决意要得到的成正比。”他说得不错。下面的例子证明了这一观点。一次，当我正走上纽约长岛车站阶梯的时候，我看到前面有三四十个残疾儿童拄着拐杖艰难地迈上阶梯，其中一个男孩还需要别人的帮助才能上去，但他们都非常开心。我对他们的一位管理人提及这一情形。“是的，”他说，“当一个儿童明白他将要终身残疾时，一开始他会惊恐无助，但惊惶过后，他会试着去寻找生活中的欢声笑语，因此，他们比正常儿童还要快乐些。”

我真觉得我该对这些儿童脱帽致敬，我应该铭记这一时刻。

白德格，从前是卡狄纳排名第三的棒球名手，现在是美国一位最成功的保险商。他告诉我说，他多年前研究得出，面带微笑的人会永远受到欢迎。所以，当他在走进一个人的办公室以前，他总要停留片刻，回想他应感谢的许多事，然后面带微笑，满心欢喜地进入室内。

他相信，他所获得的成功与这种简单的技巧是分不开的。

细细品味下面赫巴德明智的建议吧，但一定要亲身实践，如果仅仅停留于理论的层面，那么它对你没有任何作用。

你每次外出的时候，正正颜，抬头挺胸，精神饱满。在阳光中呼吸，对朋友微笑，每次与人握手时集中精神。不要怕被误会，不要在敌人身上浪费时间。要在你心中确定你喜欢做什么，然后不变方向向目的地行进，全神贯注于你喜欢做的伟大事情上。以后，在岁月流逝之中，你会发觉，正如珊瑚虫由潮流中取得所需的营养一样，无形之中，你也已经得到了不可错失的机会。在脑中想象你真正想成为的那种人，而此时，你的思想正改变着你，使你成为那种人。思想是至高无上的，所以，要保持一个正确的心态——勇敢、诚实、欢悦。思想就是创造，所有的事都是由欲望而生，付出就有回报。

中国的古人非常聪明，明于世故。他们有一句格言，你我都应将此牢牢地记在大脑里：非笑莫开店！

讲到店，弗莱契在他为考林公司所写的一段广告词中也体现了这点实用的哲学。

圣诞节一笑千金

它投入少，产出多。
它一箭双雕，使得者获益，给者不损。
它仅存在一瞬，而对它的记忆将会永存。
富人需要它，穷人更需要它。
它在家中产生快乐，
在生意场表示好感，
又是朋友间的信号。
它使疲倦者得到休息，
使失望者看见黎明，
使悲哀者看见阳光，

又使大自然获得良药。

它买不来，求不到，

不能借，不能偷，

在你将它给别人之前，

它没有任何意义。

假如在圣诞节最后一分钟的忙碌采购中，

我们的售货员也许因为太疲倦，

而忘记微笑，

那就请你留下你的微笑。

因为那些没有微笑的人，

更需要微笑。

所以，如果你希望别人喜欢你，那就应该谨记这第二大原则：

保持微笑。

千万别忘记他人的姓名

1898 年，纽约某地发生了一起悲惨的事件。村里死了个孩子，邻居们正预备赴葬。那天，地上积雪很厚，天气寒冷。发莱到马棚去驾马，马已经好几天没活动了。当它被引到水槽旁时，它在地上打转，双蹄腾空，出乎所有人的意料，它竟然把发莱踢死了。在那一星期里，这个小小的村子就举行了两次丧礼。

发莱遗下一个寡妇、三个孤儿，还有几百美元的保险。

他 10 岁的长子吉姆到砖厂去工作，负责将沙灌进模型中，然后将砖放到一边，让太阳晒干。这男孩从未有机会接受教育，但他有爱尔兰人那种与生俱来的乐观性格和讨人喜欢的本领。后来，他从政了，多年后，他拥有了一种独特的能力——记忆人名。

他未曾见过中学的真实样子，但在他 46 岁以前，4 所大学已授予他学位，他成了民主党全国委员会的主席、美国邮政总监。

我有一次访问吉姆，问他成功的秘诀。他说："苦干。"我说："不可能吧，别开玩笑了！"

他问我，我认为他成功的原因何在。我回答说："我知道你能叫出1万人的名字来。"

他摇摇头说："不，你错了，我能叫出5万人的名字！"

他就是以这种独特的能力，帮助罗斯福进入白宫的。

之前，吉姆是一家石膏公司的推销员，他发明了一种记忆姓名的方法。

最初，方法极为简单。无论什么时候遇见一个陌生人，他都会询问别人的姓名及家庭情况。当他再次遇到那个人时，尽管那是在一年以后，他也能拍拍他的肩膀，问候他的妻子儿女，问他后院的花草。难怪有那么多人支持他！

在罗斯福开始竞选总统之前的数个月，吉姆每天都会给西部及西北部各州的人写上数百封信。然后他坐上火车，在19天中，用轻便马车、火车、汽车、快艇游历20个州，总行程1.2万公里。他每进入一个城镇，就同他们倾心交谈，然后再奔向下一个州。

回到东部以后，他立即给曾拜访过的一些人写信，请他们将和他谈过话的客人名单寄给他。到了最后，那些名字数不胜数，但名单中的每个人都会收到吉姆的一封私函。这些信都用"亲爱的比尔"或"亲爱的杰"开头，而在信的结尾处，总是签着"吉姆"的大名。

吉姆在早年即发觉，普通人对自己的名字最感兴趣。能喊出他的名字，就是你对他最好的恭维。但如果忘了或记错了他人的姓名，你就会置你自己于极尴尬的境地。例如，我曾在巴黎组织过一次演讲的课程，我给城中所有的美国居民发出过一封印刷信。这位法国打字员英文不好，填错了姓名。有一个人是巴黎一家美国大银行的经理，他写给我一封灼人的责备信，因为他的名字被拼错了。可见，记住对方的名字是多么重要！

“钢铁大王”卡耐基成功的秘诀是什么？

虽然他被称为“钢铁大王”，但他对专业知识知之甚少。但这并不妨碍他的工作，因为有成千上万的人在替他工作，他们懂得的钢铁知识要比他多得多。他知道如何与人相处，这是他致富的秘诀。在早年，他就表现出组织的才能、领袖的才能。他到10岁的时候，就发觉人们极其重视自己的名字，于是他利用这一发现去获得与人合作的机会。当他还是苏格兰的一个小孩童时，曾得到一只公兔和一只母兔。他不久后就有了一窝小兔，可是没有东西喂它们。他想出了一个很好的办法，他告诉邻近的孩子们说：“如果谁愿意出去采集充足的蒲公英与金花菜喂兔，他就以他的名字命名兔子，以此来做纪念。”

这一计划功效神奇，令卡耐基终生难忘。

多年以后，卡耐基在商业上应用了同样的心理学原理，并大获成功。例如，他要将钢铁路轨卖给宾夕法尼亚铁路公司，汤姆生当时是宾夕法尼亚铁路公司的董事长。所以，卡耐基在匹兹堡建造了一所“汤姆生钢铁厂”。结果可想而知。

当卡耐基与普尔门互相竞争卧车经营权时，他再次运用了这一策略。

卡耐基所统管的中央运输公司与普尔门所经营的公司都希望争得联合太平洋铁路卧车的经营权。为此，他们互相排挤、削价、明争暗斗。有一晚，卡耐基在圣尼古拉旅馆遇到了普尔门，他说："晚安，普尔门先生，我们相互争斗一点意思也没有。"

"你的意思是？"普尔门问道。

卡耐基说了他的想法——将他们双方的利益合并起来。他简单明了地说清楚了在互相合作中双方的利益。普尔门注意静听，但未完全相信。最后他问道："那这家新公司叫什么？"卡耐基立刻回答说："啊，当然是普尔门皇宫卧车公司。"

普尔门立刻面带微笑。"到我房里来！"他说，"我们来详细谈谈。"于是，才有了奇迹。

卡耐基这种记忆与尊敬朋友及同事名字的策略是他成为商界领袖的一大秘诀。他为自己能叫出许多工人的名字而感到自豪，并且自夸说，当他亲自管理的时候，从未发生过罢工之事。

贝德茹斯基也是如此，他的专职厨师一直被他称为"考伯先生"，这使那位厨师感到自己很重要。他曾15次周游美国，为热情的观众演奏。每次他乘专车旅行，都由同一厨师为他预备音乐会结束后的午夜餐。在那些年中，贝德茹斯基从未用美国普通的称呼叫他"乔治"。他一直传统地称他为"考伯先生"，而考伯先生也喜欢这样的称呼。

人们极重视他们的名字，因而他们想方设法使之延续，即使牺牲自己也在所不惜。

图书馆、博物馆的丰富藏书，常由一些希望自己的姓名流芳百世者捐赠而来，如纽约公共图书馆有爱斯德家族与李诺克斯家族的藏书，爱德门与马根的名字永远地留在了大都会博物馆。几乎每座教堂都将捐赠人的姓名雕刻在彩色玻璃窗上，以表纪念。

多数人记不住别人的姓名，只因为他们没有花时间与精力在这上面。他们给自己找借口：他们太忙。但他们大概不会比罗斯福更忙吧，罗斯福甚至花时间去记忆他所接触的机械师的名字。克莱斯勒汽车公司专门为罗斯福先生制造了一辆装有许多特别装置的汽车，总经理张伯伦及一位机械师将此车送交至白宫。下面是张伯伦写的一封信：

> 我教罗斯福总统如何驾驶一辆装有许多特别装置的汽车，而他教了我许多关于为人处世的艺术。
>
> 当我到白宫访问的时候，总统非常愉快，他称呼我的名字，我倍感荣幸。给我留下深刻印象的是，他认真耐心地倾听我告诉他的事项。这辆车设计完美，能完全用手驾驶。罗斯福对围观的那群人说："这车真奇妙，你只要按一下开关即可开动，驾驶方便。我认为这车非常好，尽管我不懂它是如何运转的。我真愿意有时间将它拆开，看看它是如何运转的。"
>
> 当时，许多人都羡慕总统，他当着他们的面说："张伯伦先生，我真感谢您，感谢您为设计这车花费了那么多的时间和精力。这是一件完美的作品！"他赞赏特别反光镜、钟、特别照射灯、椅垫的式样、驾驶座位的位置

和衣箱内有不同标记的特别衣箱。换言之，他注意到了每个细节，可见他花费了许多心思。

当驾驶课程结束之后，总统转向我说："好了，张伯伦先生，我该回去工作了。"

当时，我带了一位机械师到白宫去，刚见面时，我把他介绍给罗斯福。但他没有同总统谈话，而罗斯福总统也只听到过一次他的名字。他是一个怕羞的人，一直避在后面。但在我们离开以前，总统找寻到这位机械师后，与他握手，直呼他名字，并谢谢他到华盛顿来。他的致谢十分真诚，对于这点，我是能感觉到的。回到纽约数天之后，我收到罗斯福总统亲笔签名的照片，并附有简短的致谢信，再次对我给他的帮忙表示感激。令我激动的是，他竟然会花时间为我这么做。

罗斯福知道一种最简单、最有效的获得他人好感的办法，那就是记住他人的姓名，让别人觉得自己受重视，但我们普通人中又有几个能做到这点呢？

很多时候，我们被介绍给一位陌生人，相互谈了几分钟之后，在临别的时候，甚至会连对方姓什么都不记得。

作为一个政治家，他要上的第一课就是记住选举人的姓名，这是从政的基本才能。 如果忘记了他们的名字，你将会被湮没。

记住姓名的能力在事业与交际上同样重要。

法国皇帝拿破仑三世，即伟大的拿破仑的侄子，曾自夸道，即使公务繁忙，他也能记起他见过的所有人的姓名。

他是怎么做到的呢？ 其实很简单。 如果他没有听清楚姓名，他就说：“对不起，我没有听清姓名。”如果是一个鲜为人知的姓名，他就说：“能告诉我它是如何拼写的吗？”

在谈话中，他费心地将姓名反复记忆数次，并将姓名与人联系起来。 如果这人很重要，拿破仑就更用心了。 在他独处的时候，他会即刻把这人的姓名写在一张纸上，仔细观察，牢记在心，然后将纸撕破。 这样，他看到的印象与听到的印象就完全一样了。

这些事要花费一些时间，但爱默生说：“好礼貌是由小的牺牲换来的。”

所以，让他人喜欢你的第三大原则是：

记住他人的姓名，它是语言当中最甜蜜、最有力的声音。

学会倾听他人讲话

最近，我应邀参加一场纸牌会。我个人不善于打纸牌，另有一位美丽的女子也不会打，我们正好坐下来聊聊天。我曾给汤姆森先生当过私人助理，当时他曾到欧洲各地去旅行，我帮助他整理他要播发的有关旅行的资料，所以她说："啊，卡耐基先生，我想请你告诉我你所有的旅行经历。"

我们坐在沙发上，她提到她同丈夫最近刚去非洲旅行回来。"非洲！"我说，"肯定非常有趣！我总想去看看非洲，但除了在一个小地方停过 24 小时外，我还没去过其他任何地方。告诉我，你曾游历过经常有野兽出没的乡村，是吗？你太幸运了！我真羡慕你！你在非洲都见过哪些名胜、奇景呢？"

那次的谈话持续了 45 分钟。她不再问我到过什么地方，也不再问我看见过什么东西了。她不要听我谈论我的旅行经历，她所需要的不过是一个专心致志的聆听者，增加她自己的自尊感，听她讲述她所到过的地方。

在现实生活中，类似这位女子的人很少见吗？ 不，许多人都如此。

例如，我最近在纽约出版商格利伯的宴会上遇见了一位著名的植物学家。 在这之前，我从未同植物学家谈过话，但我觉得他极有吸引力。 我安静地坐在椅子上，聆听他讲述各种植物。 我自己有一个小室内花园，他非常殷勤地告诉我如何解决我的花园中出现的几种问题。

我前面已经提到过，我们是在宴会中，还有其他客人在场。 但我没有遵循所有礼节的定例，忽略了其他人，与这位植物学家进行了数小时的畅谈。

午夜时分，与其他客人告辞时，这位植物学家转向主人，对我极力恭维，说我是“最富激励性的人”，最后，他还说我是一个“最有趣的谈话家”。

一个最有趣的谈话家？ 我？ 啊，我哑口无言。 如我不换话题，即使要说，也不能说，因为我对植物学的了解并不比对企鹅的解剖学多。 但我做到了一点，那就是注意静听，我曾静听，我也真正感兴趣。 他也觉察到了这一点，那自然使他更欢喜。 由此看来，静听是我们对任何人的最好的恭维方式。

一次成功的商业会谈的秘诀是什么？ 学者以利亚说：“关于成功的商业交往，其实没有什么神秘之处，聚精会神地倾听，这点非常重要。 没有别的东西会使人如此开心。”其中的道理很明显，不是吗？ 即使你没有在哈佛读上 4 年书也能发觉这一点。 但你我都知道，有的商人租用豪华的店面，陈设动人的橱窗，花费千百元的广告费，然后雇用一些不懂得如何静听他人讲话的店员——他们中止顾客谈话、反驳他们、激怒他们，甚至几乎要将客人驱赶出店门。

乌顿的经验可以说是最好的证明。他在我班中讲述过这么一个故事：

在近海的新泽西，他在一家百货商店买了一套衣服。但他不满意，因为上衣褪色，弄黑了他的衬衫领子。

后来，他将这套衣服带回该店，找到卖给他衣服的店员，并讲述了事情的原委。但服务员不听他解释。“这套衣服我们已经卖出了数千套，”这位售货员反驳说，“在你之前还没人来挑剔。”

正在激烈争辩的时候，另外一个售货员把他们打断。“所有黑色衣服起初都要褪一点颜色，”他说，“那是没有办法的，一分价钱一分货，这不是质量问题，是染料的关系。”

“这时，我气得火冒三丈，”乌顿先生说，“第一个售货员怀疑我的诚实，第二个则暗示我买了一件便宜货。我真的被激怒了，正要与他们争吵，突然间经理走了过来。他懂得他的职责，也正是他，改变了我的态度。他将一个恼怒的人变成了一位满意的顾客。他是怎么做到的？他采取了三个步骤：

“第一，他静听我从头至尾讲我的经历，一句话也没有说。

“第二，当我说完的时候，售货员们又开始要插话发表他们的意见，他站在我的立场说话。他不仅指出我的领子是明显地被衣服所污，并且坚持说，店里不应该出售不能让顾客满意的东西。

“第三，他承认他不知道为什么会褪色，并率直地对我说：‘您想如何处置？我完全照您说的去办。’

“就在几分钟以前，我还想让他们收回这套可恶的衣服。但我现在回答说：‘我只要你的建议，我想知道它是否一直掉色，是否有什么解决办法。’

“他建议我将这套衣服再试穿一个星期。‘如果到那时仍然褪色，’他承诺说，‘请您拿来换一套满意的。非常抱歉给您带来不便。’

“我满意地走出了这家商店。到一星期后，这衣服果然没有再出现过这样的毛病，于是我重新信任那家店了。”

始终挑剔的人，甚至最激烈的批评者，常会被一个有耐心和同情心的静听者降服，因为这位静听者在任何时候、任何场合都能做到静听。

纽约电话公司数年前应付过一个曾咒骂接线生的最可恶的顾客。他咒骂，他发狂，甚至恫吓要拆毁电话。他认为电话费用不合理并拒绝接受。他给报社写信投诉公司，还向公众服务委员会屡屡申诉，最终给电话公司招来数起诉讼。

最后，公司派了一位最有经验的“调解员”去拜访这位暴戾的顾客。这位“调解员”到了以后，静静地听着，并对其表示同情，让这位先生发泄自己的不满。

“他喋喋不休地说着，我静听了大约 3 小时，”这位“调解员”后来叙述道，“以后，我再到他那里去，继续听他发牢骚。我共访问他 4 次，在第四次访问完毕以后，我已成为他正在创办的电话用户保障会的会员。我现在仍是该组织的会员，而且有意思的是，该组织就我们两个会员。

“在这几次访问中，我做的仅仅是静听，并且同情他所说的任何一点。我没有和他争吵，所以他的态度最后也变得友善了。在第一次访问时，我并没有提到我要见他的事，接下来的两次也没提到，但在第四次，我圆满地完成了这次任务，这位先生不仅付清了他欠的所有的账，而且还主动向公众服务委员会要求撤销他对我们公司的申诉。”

毫无疑问，这位先生自认为他是为公义而战，是在保障公众的权利不受剥夺。但实际上，他要的是自重感。他认为自己的这种自重感应首先在挑剔抱怨中取得，但当他从公司代表那里得到自重感后，他也就没有什么“冤屈”了。

多年前，有一个从荷兰移居到美国的贫苦儿童，在学校下课后，为一家面包店擦窗，每星期赚半美元。他家非常贫寒，他平常只能每天到街上用篮子捡拾送煤车落下的碎煤块。那个孩子叫宝克，他只上过 6 年学，但出人意料的是，最后他竟成了美国新闻界最成功的杂志编辑。他是怎么成功的？这说来话长，但我们可以简单地介绍一下他是如何开始的。

他 13 岁离开学校，去西联公司做童工，每星期工资 6. 25 美元。但他从来都没有放弃寻求教育的想法。不仅如此，他还自学。他为了攒钱，很节俭，不坐车，不吃午饭，直到足够买一部《美国名人传全书》——一本影响了他一生的书。他读了这些名人的传记后，写信给他们，请他们寄一些有关他们童年的材料给他。他写信给那时正在竞选总统的加菲大将，问他是否曾经做过拉船童工，而加菲大将也回信给了他；他写信给格莱德将军，询问战役情况，格莱德给了这位 14 岁的孩子一张地图并邀请他吃晚饭，他们谈了整整一夜；他写信给爱默生，并请爱默生讲述关于他自己的故事。不久，这个为西联送信的小孩便和全美国的著名人物经常通信。

他不只与这些名人通信，还会在假期拜访他们，成为他们家里受欢迎的一位客人。因为这种经历，他变得信心十足。这些名人激发了他的斗志，改变了他的人生。别人也愿意与他交谈，因为他是个很好的倾听者。

马可先生大概是世界上最优秀的名人访问者，他说，许多人没有给别人留下好印象，是因为他们不注意静听。“有些人只是关心自己下面要说什么，所以他们从不打开耳朵听别人说。一些大人物曾告诉我，对于静听者和谈话者，他们更喜欢前者，但能静听的能力，好像比其他任何好性格都少见。不只大人物要求他人善于静听，就连普通人也是如此。正如《读者文摘》中所说：‘许多人之所以请医生，那是因为他们只是需要一个静听者而已。’”马可先生对我说了这样一段话。

美国内战期间，林肯给在伊利诺斯春田的一位老朋友写信，请他到华盛顿来。林肯说，他有些问题需要他的意见。于是，这位老朋友到白宫拜访。结果，林肯同他谈了数小时关于解放黑奴的宣言是否适当的问题。林肯先将赞成与反对的观点陈述了一番，然后又阅读了一些谴责他的信件及报纸中批评他的文章，有的怕他不解放黑奴，有的却怕他因为解放黑奴而造成混乱。谈论数小时以后，林肯与他的老朋友握手道声晚安，送他回伊利诺斯，而在这整个过程中，他竟然没有征求对方的意见。整个谈话过程中，一直是林肯在说，那好像能使他自己的心情舒畅平静。“谈话之后，他更加平静了。”这位老朋友说。林肯没有要求得到建议，他只是需要一位使他可以发泄内心苦闷的友善的静听者。那样的人同样也是我们在困难中都需要的，愤怒的顾客、不满的雇员、受伤的朋友等，他们都需要这样一位静听者。

如果你希望成为一个善于谈话的人，那就先从倾听他人开始。如果你想使他人对你感兴趣，就先要向别人表示你的兴趣。也就是要投其所好，问他人感兴趣的问题，鼓励他谈论自己及他所取得的成就。记住，对与你谈话的人来说，他的需要、他的问题，比你的问题更让他感兴趣。

因此，下次当你开始谈话的时候，就要充分利用这一点，如果你想让人喜欢你，那就记住第四大原则：

做一个善于静听的人，鼓励别人谈论他们自己。

迎合他人的兴趣

凡是到牡蛎湾拜访过罗斯福的人，都惊异于他的博学多识。“无论是一个牧童、骑士、纽约政客，还是一位外交家，”勃莱特福写道，“罗斯福都知道如何与他们交流。”那么，罗斯福是如何做到这一点的？

罗斯福同所有的领袖一样，懂得与人沟通的秘诀：谈论他人最为感兴趣的事情。耶鲁大学教授、和蔼的费尔普早年就得到了这种教育。

“8 岁的一个周末，我去拜望我的姑母林慈莱，并在她家度假。”费尔普在他的一篇关于人性的文章中写道，“有一天晚上，一个来做采访的中年人在与姑母寒暄之后，便将注意力集中在我身上。当时，我正巧对船很感兴趣，而这位客人谈论的话题似乎正合我意。他走后，我向姑母热烈地称赞他，说他是一个对船特别感兴趣的好人。而我的姑母却告诉我说，他是一位纽约的律师，他其实对船并不了解。但他为什么始终与我谈论我最感兴趣的事呢？

“姑母告诉我：‘因为他是一位聪明的人。 他见你对船感兴趣，所以就谈论能让你开心愉悦的事情，这样你才会喜欢他。’姑母的话令我终生难忘。”

当我正在写作本章的时候，我看到了查利夫（原来童子军中最为活跃的一个）的一封信：

> 有一天，欧洲将举行童子军大露营，我需要拉赞助。
>
> 幸而在我拜访这人以前，我听说他曾开了一张100万美元的支票，而这张支票退回之后，被他置于镜框之中。
>
> 所以，我走进他办公室所做的第一件事，就是谈论那张100万美元的支票！我告诉他，我从未见过100万美元的支票，我要告诉我的童子军，我真真切切地看见过一张100万美元的支票。他很欣喜地向我出示那张支票。我流露出对他的羡慕之情，并请他告诉我具体的情形。

你注意到了没有，查利夫先生并没有谈及童子军或欧洲的露营，或他所要做的事。 他只是谈论对方感兴趣的事。那么，最终的结果如何？

> 过了一会儿，我所拜访的那位经理问我：“哦，请问你来找我有什么事？”我告诉了他我的来意。令我吃惊的是，他不但即刻应许了我的请求，并且还十分大方地给了我更多的资助。我本来只想请他资助1个童子军赴欧洲，但他在资助了我之外又资助了5个童子军，并建议我们在欧洲玩7个星期。然后，他又给我开了一份介绍信，

让朋友到时帮助我们。而且，他还亲自在巴黎接待我们，带着我们游览城市。自此以后，他经常给那些家境贫苦的童子军提供一些工作，而且现在在我们的团体中，他依然是非常活跃的一个。

我知道，如果我不曾先找出他感兴趣的话题使他喜欢我，那他一定很难接近！

在商界，你不得不承认这是一种很有价值的方法。下面让我们再看看另一个例子：

杜佛诺公司是纽约的一家面包公司，杜佛诺先生绞尽脑汁想将公司的面包卖给纽约的一家旅馆。4 年以来，他每星期去拜访一次这家旅馆的经理，参加他所举行的所有交际活动，甚至开房间住在这里，以期得到自己的买卖，但他并没有成功。

“后来，”杜佛诺先生说，“阅读了人际关系方面的书籍后，我决定改变策略。我先要找出这个人最感兴趣的东西——他最关心、最热衷的事业。”

我后来知道，他是美国旅馆招待员协会的会员，而且他一直想成为该会的会长。招待员协会不论在什么地方举行大会，他都会设法赶到。

所以，在第二天见他的时候，我就开始谈论关于招待员协会的事。我得到了非常好的反应。他与我聊了半小时关于招待员协会的事，他的声调充满热情。我可以清楚地看出，这才是他很感兴趣的爱好。在我离开他的办公室以前，他也邀请我加入该会。

这次谈话，我从未涉及有关面包的事情。但几天以后，他旅馆中的一位负责人给我打来电话，要看看我们的货样及价目单。

“我不知道你究竟做了些什么，”这位负责人招呼我说，“但你真的切中要害了！”

“试想一想！我对这人紧追了4年，想尽一切办法想得到这笔买卖，但我若还是不动脑筋去想、去找他所感兴趣的东西，恐怕我还得紧追不舍下去。”

所以，如果你要使人喜欢你，如果你想让他人对你产生兴趣，请谨记第五大原则：

迎合他人的兴趣。

让他人感到自己重要

在现实生活中，有些人之所以会出现交际上的障碍，就是因为他们没有充分利用一个重要原则——证明自己的重要性。有些人喜欢自我表现，喜欢自卖自夸，一旦事情成功，他们首先表现出的就是自己有多大的功劳、做出了多大贡献。而这样恰恰向他人表明：你们确实不太重要。就这样，无形之中，这些人不仅伤害了别人，也伤害了自己。

有一天，我在纽约第三十二街和第八街交叉口处的邮局里排队等候寄一封挂号信。营业员觉得自己的工作枯燥无味，因为他成天称重、拿邮票、找零钱、写收据……所以我对自己说："我要让那位营业员喜欢我。而要想实现这一点，我显然必须说些好话——说他的好话。"然后我又自问："他有什么值得让我称赞一番的地方呢？"有时，这实在是个难题，尤其当对方是你完全不了解的人时。但是，称赞眼前的这位职员似乎并不让我感到困难，我可以马上找到切入点。

当他为我的信件称重时，我热切地对他说：“你的头发发质真好。”

他抬起头，半惊讶地看着我，脸上泛出微笑：“啊，其实这没以前好啦！”他谦虚地应答。我告诉他，虽然它可能已没有原来那么美观，但看起来依然很不错。他十分高兴，和我谈了一会儿，最后说道：“很多人都夸我发质好。”

我敢打赌，这位先生出去吃午饭的时候，一定春风满面、兴高采烈。晚上回家的时候，一定会将此事告诉太太，也一定会照着镜子对自己说：“看看，多么漂亮的头发！”

有一次，我在演讲的时候提起这件事，事后有人问我：“你这么做的目的是什么？你想得到什么？”

我想从那人身上得到什么呢？我又能从那人身上得到什么呢？如果我们真是这么自私，一旦想到在他人那里无所收获，就不赞赏或感谢他人，如果我们的灵魂几乎和野生的酸苹果一样，那么，我们的心灵将会变得多么贫乏。

不错，我是希望从那位先生身上得到一点东西。但那东西本身是无价之宝，而且我也已经得到了。我享受到了助人为乐的快乐，这种感觉将永远存在于我脑海中。

时时让别人感到自己重要，是人类行为的一个重要法则。如果我们遵从这一法则，大概不会惹来什么麻烦，而且还可以得到许多友谊和永恒的快乐。相反，如果我们破坏了这个法则，我们不但得不到友谊和快乐，还会招致麻烦。著名哲学家约翰·杜威曾说：“人类本质里最深层的驱动力就是证明自己的重要性。”哈佛著名心理学家威廉·詹姆斯也说：“人类本质中最殷切的需求是：渴望得到他人的肯定。”我也曾指出，就是这种需求，把人和动物区别开来；也正是这种需求，催生了人类文明。

你希望得到朋友的认同，需要别人知道你的价值；你希望感受自己的价值；你不喜欢廉价、虚假的恭维，而渴望发自肺腑的赞美；你喜欢友人像查理·夏布所说的一样，去“真诚、慷慨地赞美他人”。因为人人都喜欢被称赞。

所以，请衷心地遵循这一永恒的定律：你希望别人怎么对待自己，那你就应该怎么去对待别人。

那么，我们应该在什么时间，什么地方去做？怎么去做？答案是：随时，随地。

举例来说，如果你在餐馆里点了一份炸薯条，而女侍者端给你的却是马铃薯，让我们说：“对不起，麻烦你了，但我点的是炸薯条。”女侍者可能会这么回答：“不，一点也不麻烦。”而且她还会心甘情愿地把马铃薯换走，因为我们表达了对她的敬意。

另外，我们还可以使用许多日常用语来排解生活的单调与忙碌，如“对不起，麻烦你……”“可否请你……”“请问你愿不愿意……”“你介不介意……”“劳驾……”“谢谢”等。

再看看下面这个例子。

罗纳尔德·罗兰是我们在加州开课时的讲师，他同时也教手工课。他曾说过一个关于他学生的故事：

克里斯是个安静、害羞、缺乏自信心的男孩，平常在课堂上，他总是默默无闻，很少引人注意。一天，我见他正在伏案用功，便走过去与他搭话。他的内心深处似乎有一股看不见的火焰，当我问他喜不喜欢这门课时，这个年仅14岁的男孩脸上的表情立刻变了。我可以看出他的情绪波动很大，眼里还含着泪水。

“您的意思是，我表现得不够好吗，罗兰先生？”

“啊，不！克里斯，你误解了，你表现得很好。”

那天，上完课，克里斯用那对明亮的蓝眼睛看着我，并且坚定地说：“谢谢您，罗兰先生！”

克里斯给我上了非常难忘的一课，让我看到了我们内心深处的自尊。为了使自己不致忘记，我在教室前方挂了一个标语：“你是重要的。”这样，不但每个学生都可以看到，它也能时时刻刻提醒我：你面对的每一个学生都是重要的。

这是一个未加任何渲染的事实：几乎你所遇见的每一个人，都自以为在某些地方比你优秀。所以，要打动他们内心的最好方法，就是表达出你对他们的重视。

曾统治过大英帝国的迪斯雷利说道：“人们更愿意对方谈论自己。”所以，如果你想使别人喜欢你，请不要忘记第六大原则：

让他人感到自己重要，而且要让人感觉你是在诚心诚意地赞美。

第三章

怎样赢得别人的认可

避免与人辩论

第二次世界大战结束后不久的一个晚上，我在伦敦得到了一个无价的教训。我当时是史密斯爵士的私人助理。在战争期间，他曾担任澳大利亚空军飞行员，被派往巴勒斯坦工作。而在宣布和平之后不久，他因在30天内环绕地球飞行半周而轰动了全世界，因为从来没人有过这样惊人的举动。这件事轰动一时，澳大利亚政府奖给他5万先令，英国国王封他为爵士。从那以后，他成了英国人民讨论的焦点人物。有一个晚上，我参加一个欢迎罗斯爵士的宴会，在席间，坐在我旁边的一个人讲了一个幽默的故事，这故事正好应验了这样一句格言："神早已为世人写下结局，世人辛苦挣扎又怎能摆脱。"

这位讲述故事的人提到了这句话出自《圣经》。于是，为了得到自重感并突显我的优秀，我讨人嫌地想纠正他。但他坚持他的看法："什么？出自莎士比亚？不可能！不近情理，那句话出自《圣经》！"

这位讲故事的人坐在我右边，我的一位老朋友加蒙坐在我左边。加蒙先生曾花了很多时间专心研究莎士比亚，所以，我们同意加蒙先生当裁判。加蒙先生静静听着，在桌下用脚碰碰我，然后说道："戴尔，确实是你错了，这位先生是对的，是出自《圣经》。"

当晚回家的时候，我对加蒙先生说："老实说，你肯定知道那句话出自莎士比亚。"

"我当然知道，"他回答说，"是在《哈姆莱特》第五幕第二场。但我是盛会的客人，为什么要证明一个人是错的？他喜欢有人这么做？为什么不给他留足面子？他并没有征求你的意见，他也不需要你的意见。你为什么要和他争论不休呢？记住，要永远避免这种正面的冲突。"

"永远避免正面的冲突。"说这句话的人现在已经永远地离开了，但他给我的教训却一直留在我的记忆中，而且这一教训影响了我的一生，因为我向来是一个执拗的辩论者。在我少年的时候，我和我的兄弟会辩论一切事情。大学的时候，我研究逻辑及辩论术，并参加过辩论比赛。后来，我在纽约教授辩论术。我不得不承认，我有一次曾计划写一本关于辩论的书，从那时开始，我曾静听、批评，参加数千次的辩论，并注意它们的影响。从这些结果中，我得出了一个结论：避免争论是最好的方法。

十之八九，辩论结束之后，每个争论的人都比以前更坚信自己是绝对正确的。

你不可能在辩论中获胜，因为如果你辩论失败，那你当然失败了；如果你得胜了，你还是失败的。为什么？假定你胜过对方，把他的理由贬得一文不值，并证明他是错的，那又怎样？你觉得很好，但他怎样？你使他觉得脆弱无助，你伤了他的自尊，他要反对你的胜利。

波恩互助人寿保险公司为他们的推销员定了一个规则："不要争论不休！"真正的推销术，不是辩论，更不是类似于辩论。辩论并不能改变别人的思想。

多年前，有一位名叫亚哈亚的爱尔兰人加入了我的训练班。他没怎么受过教育，但很喜欢争执。他当过司机，他到我这里来，是因为他从来没有成功地卖出过一辆载重汽车。我对他稍加询问，就看出他总是与正在交易的人争执并触犯他们。如果别人挑剔他的车，他就会恼怒地打断那人的话头。当然，他确实胜了不少辩论。后来，他对我说："当我走出一个人的办公室时，我总是说：'我又教给那家伙一些东西了。'我教会了他一些事，可他并没有因此而买我的东西。"

当时，我的第一任务不是教亚哈亚学习如何讲话，而是训练他如何保持冷静，不要讲话，并避免口头冲突。如今亚哈亚先生已是纽约汽车公司的一位明星推销员了。

充满智慧的老富兰克林常说："如果你辩论不休、争强好胜，你或许有时能获得胜利，但这种胜利是空洞的，因为对方还是没有认可你。"

所以，你自己考虑考虑，你想要的到底是什么？一种暂时的、口头的、表演式的胜利，还是一个人的长期好感？但是，你很少能鱼与熊掌兼得。

在你进行辩论的时候，你也许是对的，甚至绝对正确。

但你别想改变别人的思想，一如你无法改变已有的事实一样。

我认为，不论一个人的智力如何，我们不可能说服别人改变思想。

所得税顾问帕森斯与一位政府税收稽查员为一份9000美元的账单争辩了一个小时之久。帕森斯先生声称这9000美元确实是一笔死账，不可能收回来了，当然不应纳税。“死账？胡说！”稽查员反对说，“纳税是必需的。”

“这位稽查员冷淡、傲慢、固执，”帕森斯先生在班里讲述事情的经过时说，“他根本不听人解释，我们辩论得越久，他越固执。所以，我决定避免辩论，改变话题，给他赞赏。

“我说：‘我想这事与你必须做出的决定相比，应该算是微不足道吧。我也曾研究过税收问题，但我只是从书本中得到知识，而你是从实践中获得真知，我有时更愿意从事像你这样的工作，因为我可以从中学习到很多。’我每句话都是出于真心。

“于是，那稽查员在椅子上伸了伸腰，向后一倚，讲述了他自己的工作经历，甚至告诉我他所发现的巧妙舞弊的方法。他的声调渐渐地由冷漠变为友善，片刻后，他又讲起他的孩子来。当他走的时候，他告诉我，他会考虑我的问题，并会尽快给我答复。

“3天之后，他到我的办公室告诉我，他已经决定不征收那9000美元的税了。”

这位稽查员恰恰表现出一种最普通的人性特点，他需要一种自重感。帕森斯先生越是与他辩论，他越想扩大自己的权力，以获得自重感。但一旦帕森斯先生承认了他的重要性，辩论便立即停止，因为他找到了自重感，他会立刻变得友善。

拿破仑家中的管家常与约瑟芬打台球。这位管家在他所著的《拿破仑私生活的回忆》中的第一卷第 71 页中说："我虽然技术不错，但我还是设法让她赢我，这样她会非常欢喜。"从这一个故事里，我们应该学到一个有用的教训，那就是：我们要使我们的顾客、丈夫、妻子在偶然发生的细小讨论上胜过我们。

"恨不止恨，爱能止恨。"辩论永远不可能消除误会，只有我们站在别人的立场才能消除误会。

林肯有一次责罚一个青年军官，因为他与同僚激烈争执。"凡决意成功的人，"林肯说，"不能费时于个人的成见，更不能费时去承受结果，包括丧失自制时无法控制的脾气。你不要锋芒毕露，要让步，即使你是完全正确的，也不妨向对方做些让步。与其为争路权而被狗咬，不如给狗让路。因为即使你将狗杀死，也不能抚平受伤的伤口。"

所以，要赢得别人的认可，就必须谨记第一大原则：

避免与人辩论。

尊重他人的意见

西奥多·罗斯福在白宫的时候承认，如果他判断的正确率高达75%，那么，就达到了他的最高期望标准。

这样的伟人判断的正确率也只有75%，何况你我呢？

如果你能确定自己的判断有55%是对的，便可以到华尔街去日进斗金。如果你不能确定自己的判断是否有55%是对的，那你凭什么指责别人的错误？

你可以利用各种身体语言、眼神、音调，或是手势来指责别人的错误，这和言辞表达一样有力。但是，当你指出对方的错误时，对方就能同意你的观点吗？绝对不会的！因为你已一拳伤害了他们的自尊心，他们会反击，而不会改变他们的观点。也许你会用柏拉图或康德的逻辑理论说服他们，但还是没有用，因为你早已伤了他们的感情。

因此，千万不要一开始就宣称："我要证明给你看。"这就等于向他人表明："我比你聪明，我要让你改变想法。"这种做法是非常不明智的，甚至会引起冲突。在这种情况下，你要想改变对方的观点，可能性几乎为零。为什么要弄巧成拙？为什么要给自己添麻烦呢？如果你想证明什么，也应在别人不知不觉的情况下不留痕迹地去做。正如诗人波普所说：“你在教人的时候，要表现得若无其事。”要神不知鬼不觉地提出事情，好像已被人遗忘一样。300 多年以前，科学家伽利略说过：“你不能教人什么，你唯一能做的就是帮助他们去发现。”

查斯特菲尔德爵士也告诉过儿子：“你可以聪明过人，但别让他们知道。”

苏格拉底也一再告诉门徒：“我只知道我什么都不知道。”

好了，我们不可能比苏格拉底更加聪明。所以，从现在开始，最好不要再指责别人的错误，那是要付出代价的。如果你认为有些人的话不对，你最好还是这样讲：“啊，慢着，对这件事我有不同的想法，不知对不对。假如我错了的话，希望你们纠正我，让我们共同探讨这件事。”

很奇妙，尤其是像这样的话：“我可能不对，让我们来共同探讨这件事。”说这样的话，世上绝不可能有人再反对你。

我的一位学员哈洛·雷恩克，他是道奇汽车在蒙大拿州的代理商，他就曾用这种方式处理过顾客纠纷。雷恩克在报告时指出，由于汽车市场面临着巨大的市场压力，在处理顾客投诉案件时，汽车公司方面常常显得冷漠无情，这很容易引起公愤，不仅生意做不成，还会带来很多麻烦。

他告诉班上的其他学员：“后来，我想清楚了，这样确

实无济于事。 于是就改变了策略。 我转而向顾客这么说：‘对我们公司犯的错误，我深表遗憾。 请你把经过再叙述一遍。’

“很显然，这种方法消除了顾客的敌意。 情绪一放松，顾客在处理事情的过程当中就比较讲道理了。 许多顾客感谢我的体谅，甚至后来还带来自己的朋友买车。 在竞争激烈的市场上，我们需要的就是这种顾客。 而我相信，尊重顾客的意见，对待顾客周到有礼，都是赢得竞争的本钱。”雷恩克这样说。

承认错误并不会带来麻烦，反而能平息争论，引导对方也能同你一样公正宽大，甚至或许会承认他也错了。

著名心理学家卡尔·罗杰斯在他的一本书中写道：“了解别人的想法会使你受益。 也许你会觉得奇怪，真有必要去了解别人的真正想法吗？ 我想是的。 我们对许多‘陈述’的第一个反应常常是‘评估’或‘判断’，而不是去‘了解’。 每当有人表达自己的感受、态度或是信念时，我们的第一反应是做出判断。 我们很少自己去了解陈述者话中的真正含义。”

有一次，我请了一位室内装潢师设计家中的窗帘，等账单送来时，看到价钱，我吓了一跳。

隔了几天，有个朋友来访，看到了那些窗帘。 她问起价钱，然后很夸张地大声说：“什么？ 你肯定受骗了！”

我想她说得不错，但很少有人希望听到他人这样的评判。 于是，我为自己辩解，说便宜没好货。

第二天，又有一个朋友来访，对那些窗帘赞不绝口，还说她希望自己能买到它。我做出了与前一天截然不同的反应："啊，老实说，我也差点付不起。我买贵了，真后悔没先问好价钱。"

当我们犯错的时候，也许会在私底下自己承认。当然，假如别人的态度温和一些，或显得有些技巧，我们也会向他们认错，甚至觉得自己坦白、心胸宽大。但是，假如对方故意为难你，那情况就不同了。

我现在确信，过于直接地指出别人的错误，即使是再好的意见，别人也不会接受，你甚至还会受到很大的伤害。你剥夺了别人的自尊，也让自己成为讨论中最不受欢迎的一个人。

有人曾问马丁·路德·金：为何身为一个和平主义者，却欣赏白人空军将领尼尔·詹姆斯，而非黑人高级官员？他回答："我以别人的原则而不是我的原则去做出判断。"

同样的，罗伯特·李将军有次同南方联邦总统杰斐逊·戴维斯谈麾下的一名军官。李将军对其称赞有加。另一位军官很诧异，他问李将军："难道你不知道那个人一直在攻击你、诽谤你吗？""我知道。"李将军回答，"但总统问的是我对他的看法吗？"

别与顾客、配偶或敌人发生冲突，别指责他们的错误，别激怒他们。如果你非得与人发生对立，也得运用一点技巧。所以，请重视赢得别人认可的第二条原则：

尊重他人的意见，千万别说："你错了。"

如果错了，当即承认

离我家不远处有一片森林。春天来临之时，野花盛开，松鼠筑巢育子，草长得与马头齐高，这块完整的林地叫作森林公园。那真是一片森林，我发现它时就像哥伦布发现了美洲大陆。我常带着我的波斯狗瑞克斯到园中散步。它是一只乖巧可人的小狗，因为园中平时人很少，所以，我会解开它的绳子。

一天，我们在公园中遇见一位警察——一个爱显示他权威的警察。

“你既不给那狗戴上口笼，也不用皮带系上，还让它在公园中乱跑，这是什么意思？”他很生气地问我说，“你不知道这样做违法吗？”

“是的，我知道是犯法的，”我轻柔地回答说，“但这里没人，不至于产生问题。”

“你认为不至于就不至于吗？法律可不管你怎么想。那狗也许会伤害松鼠，或咬伤儿童。这次我放你过去，但如果我再在这里看见这只狗不戴口笼、不系皮带，那你就只能去和法官谈了。”

我谦逊地答应遵守他的命令。

而我真的遵守了几次。但瑞克斯不喜欢口笼，我也不喜欢，所以，我们决意碰碰运气。起初倒没什么，后来发生了一件事情。一天下午，瑞克斯同我跳过一个小丘，霎时间，我惊惶地看见了“法律的权威”，他骑着一匹栗红色马。瑞克斯冲向了那警察。

我知道事情已无法扭转，所以，我没等警察开口说话，就先发制人。我说：“警官，您已当场把我抓住了，我是犯了法，我也不想找借口。您上星期警告我，如果我再把没有口笼的狗带到这里，您就要罚我。”

“哦，现在，”这警察用温柔的声调说，“如果周围没人的话，让这样一只小狗在这儿跑一跑，的确令人开心。”

“那的确是诱人的事，”我回答说，“但那是犯法的。”

“像这样一只小狗是不会给其他任何人带来伤害的。”警察辩护说。

“是的，它也许不会伤人，但它也许会伤害松鼠。”我说。

“哦，你别太当真了，”他告诉我说，“我告诉你一个办法，你只要使它跑过那土丘，这样我就可以假装没有见过它。”

其实，那位警察也挺有人情味的，他只不过想要得到一种自重感。当我主动承认错误时，他唯一能滋长自重感的办法就是采取宽大的态度，以显示自己的宽容。但假使我要为我自己辩护，你知道的，与一个警察辩论会有什么样的结果。

我不与他争辩，因为我承认他是绝对正确的，我绝对错误。我坦率地承认，我们各取所需，这件事也妥善解决了。

当我们知道自己势必要遭到责备时，主动承认错误，这样岂不比让别人责备好得多？听自己的批评，绝对比忍受别人的斥责容易得多。如果你将别人正想要批评你的事情在他有机会说话以前说出来，他就会采取宽大的态度，以减轻你的错误感，正如那骑着马的警察对待我与瑞克斯一样。

任何愚蠢的人都会绞尽脑汁为自己的错误进行辩护，而聪明的人则敢于承认自己的错误，且通常会得到别人的谅解，并给人一种谦虚、不卑不亢的感觉。例如，历史记载了关于罗伯特·李将军的一件最完美的事——毕克德在葛底斯堡冲锋失败后，李将军主动自责。

> 毕克德在战场上无畏冲锋，是美国的一位英雄人物。毕克德也是个风流的人物，他赭色的头发留得长及肩背，而且像拿破仑在意大利的战役中一样，他在战场上几乎每天都写下热烈的情书。那是一个惨痛的7月的下午，他歪戴着漂亮的帽子，得意地骑着马率领着大批士兵向联邦军的阵线冲去，人挤着人，大旗飞扬，刺刀在阳光中闪烁，场面壮观。联邦军看见他们时，忍不住发出了一阵低声的赞美。
>
> 毕克德的军队踏着轻快的脚步，迅速前行。突然，他们的队伍遭到敌人大炮的轰击。片刻间，埋伏在石墙后面的联邦军步兵向毕克德的军队猛烈地开火，一轮又一轮。瞬间，整个山顶变成火海，成了一个杀戮的场所。

短短的几分钟内，只有一位军官幸存，5000 个冲锋的士兵中有五分之四的人倒下去了。

阿密斯旦带领着军队，做最后一次冲杀。他跃过石墙，把军帽放在他的刀顶上摇着，大呼："杀啊，孩子们！"

士兵们挺着刺刀跟着跳过墙头，与联邦军展开了一场生死搏斗，终于获胜了。

但大旗在那里只是昙花一现。毕克德的冲锋虽然光荣、勇敢，然而这却只是战争进入尾声的转折点。李将军战败了，他不能深入北方。南方早就注定失败了。

李将军悲痛万分，他向南方联盟政府的总统戴维斯提交辞呈，要求另派"一个年富力强的人"。如果李将军想将毕克德冲锋的惨痛失败归罪于别人，他可以随便编个理由，如有些师长指挥错误，马队到得太迟，不能协助步兵进攻……总之，这事错了，那事不对。

但李将军没有责备任何人。当毕克德打了败仗，带着流血的军队挣扎退回联盟阵线的时候，李将军亲自骑马去迎接他们，并发出自责："这全是我的错，"他承认说，"我，我一个人战败了。"

历史上，有几个将领能有这样的胆识和品格，并做出这样的自责呢？

不要忘了那句古语："如果极力争夺，你永远得不到满足，但如果你能做到让步，退一步海阔天空。"

如果你要赢得别人的认可，那就谨记第三大原则：

如果你错了，迅速坦诚地承认。

友善地对待他人

早在1915年的时候，小洛克菲勒就开始管理父亲的公司，当时发生了美国工业史上最激烈的罢工，并且长达两年之久。由于群情激愤，公司的财产遭受破坏，军队前来镇压，因而造成流血事件，射杀了许多罢工的工人。

在那样的情况下，可以说是民怨沸腾。但小洛克菲勒后来却说服了罢工者，他是怎么做到的?

小洛克菲勒花了好几个星期结交朋友，并到处演讲。那次的演讲可算得上是一篇杰作，它不但平息了众怒，还使自己得到了别人的认可。演说的内容是这样的:

> 这是我一生当中最值得纪念的日子，因为这是我第一次有幸能和这家大公司的员工代表、行政人员、管理人员见面。很荣幸能够站在这里，有生之年我都不会忘记这次聚会。
>
> 假如这次聚会提早两个星期举行，你们根本不认识

我，我也只认得少数几张面孔。自从上个星期以来，我有机会拜访整个南区矿场附近的营地，私下和大部分代表沟通过。我拜访过你们的家庭，与你们的家人见过面，因而现在对你们而言，我已不再是陌生人，甚至可以说是你们的朋友了。基于这份互助的友谊，我很高兴有这个机会和大家一起探讨我们的共同利益。

这次聚会是由资方和劳工代表所促成，承蒙你们的好意，我才能够坐在这里。虽然我并非股东或劳工，但我从内心感到你们很亲切。从某种意义上说，我也代表了资方和劳工。

多么出色的一番演讲，这可是化敌为友的一种最佳的方式。假如小洛克菲勒采用的是另一种方法，用不堪入耳的话与矿工们争论不休，或暗示他们错了，用各种理由证明矿工的不是，你想结果会如何？那只会招惹更多的充满怨愤的暴行。

假如有人对你心怀不满、对你印象恶劣，你用尽办法也无法说服他们，想想那些好责备的双亲、专横跋扈的上司、唠叨不休的妻子。我们都应该明白：人的思想不易改变。你不能强迫他们同意你，但只要你友善地对待他们，就完全有可能使他们信服。

这些都是林肯在100年前所说的话，他还说道：“这是一句亘古不变的真理：‘一滴蜂蜜要比一加仑的胆汁能招引更多的苍蝇。’人也是如此，如果你想赢得人心，首先要让他人信服于你。那样就像有一滴蜂蜜吸引住了他的心，因而也就有了通往内心深处的一条光明大道。”

商界人士都知道，对罢工者表示友善至关重要。举例来说，怀特汽车公司的某一工厂有250个员工，他们为了获得加薪而举行罢工。当时的公司总裁罗伯·布莱克没有采取任何强硬的做法，而是在报刊上刊登了一则广告，称赞那些罢工者“用和平的方法放下工具”。由于发生了罢工事件，监察员无事可做，布莱克便买了许多球棒和手套让他们在空地上打棒球。有些人喜欢保龄球，于是，他还租下了一个保龄球球场。

布莱克先生充满人情味的举动，也得到了相应的回报。那些罢工者找来了扫把、铲子和垃圾推车，把工厂附近的纸屑、烟头、火柴等垃圾扫除干净。不可思议吧，一群罢工工人在争取加薪、承认联合公司成立的时候，他们还清除工厂附近的垃圾。这在漫长、激烈的美国罢工史上是空前绝后的。罢工在一星期内获得和解，而且没有产生任何不快或怨恨。

著名律师丹尼尔·韦伯斯特被许多人奉若神明。尽管他名震四方，但他那极具权威的辩论始终充满了温和的字眼，如“这有待陪审团的考虑”“这也许值得再深思”“这里有些事实，相信您没有疏忽掉”“这一点，根据您对人性的了解，相信很容易看出这件事的重大意义”。这样的话语经常出现在他的辩论中，没有恫吓，没有高压手段，没有强迫说明的企图。韦伯斯特用的都是最温和、最平静、最友善的处理方式，但仍不失其权威性，这正是他成功的动力。

也许你并没有机会去处理罢工风潮，也许你并没有机会在陪审团成员面前发表演说。但是，你可能有机会遇到类似下面这样的情况：

史特劳伯先生是个工程师，他想要求房东降低房租，但听说房东很难说服。“我写了一封信给他。”史特劳伯在训练班上报告道：“我告诉他，等租约一到，我就要搬走。事实上，我并不想搬家，只想降低房租，而且我很愿意继续住下去。但情况并不乐观，其他房客都不愿继续住。他们告诉我，这位房东极难应付，要特别小心。我对自己说，我正选修一门处世训练的课程，这正好可以证明一下学习的效果。

“房东一接到信后就来找我，我在门口与他热情、真诚地打招呼。我没有提到房租费高的事，只告诉他我很喜欢这栋公寓。请相信我，我当时确实是在‘真诚、慷慨地赞美’他。我继续恭维他很会管理房子，要不是付不起房租，我很愿意继续住下去。

“他一定从来没有碰到过这样的房客，所以一时不知如何是好。

“后来，他告诉我一些他的困扰，并抱怨那些房客。有人写了14封信给他，其中有些明显是在侮辱他。还有人威胁他让楼上的房客停止打鼾，否则就要取消租约。‘像您这样的房客，真让我省心。’他说。后来，他主动减少了房租，但我仍无法承受。于是，我就说出了我心目中的理想数目，他也没多说什么，便爽快地答应了。

“在他准备离去的时候，他忽然转过身问我：‘房子

有需要装修的地方吗？'

“试想，如果我用别的房客的方法要求减租，我跟他们的下场也会一样。这就是友善、同情、赞赏所产生的力量。”

当我还是个喜欢赤脚到处乱跑的小男孩时，我读了一则《伊索寓言》，是关于太阳和风的故事。

一天，太阳与风正在争论谁比较强大，风说：“不用怀疑，肯定是我。你看下面那位穿着外套的老人，我打赌，我能比你更快让他脱下他的外套。”说着，风便用力对着老人吹，希望把老人的外套吹下来。但是它越吹，老人的外套裹得越紧。后来，风吹累了，太阳便从后面走出来，暖洋洋地照在老人身上。没多久，老人开始出汗，并且把外套脱下。于是太阳对风说道：“温和、友善永远比激烈、狂暴更有力。”

伊索是个希腊奴隶，比耶稣还早降生600年，但是他教给我们许多有关人性的真理。 太阳能比风更快让老人脱下外套，温和、友善和赞赏的态度也更容易让人改变心意，这都是咆哮和猛烈攻击所难以做到的。

记住林肯所说的话，苍蝇宁愿要一滴蜂蜜，也不要一加仑胆汁。

当你要赢得别人的认可时，请谨记第四大原则：

以友善的方式开始。

让对方开口说“是”

与别人交谈时，不要先把注意力放在你不同意的事上，要先强调，而且不停地强调你所同意的事。因为你们的最终目的是一致的，所以，你们的相异之处只是在方法上，而不是在目的上。

让对方在一开始就说“是，是的”。假如有可能的话，最好不要给对方说“不”的机会。

根据哈利·欧佛瑞博士的说法，“不”是最难克服的障碍。当你说了一个“不”字之后，你那本性里的自尊就会迫使你继续坚持下去。虽然，你以后也许会发现这样的回答不一定正确，但是，你的面子往哪里摆呀？一旦说了“不”，你就会发觉自己很难再摆脱它。所以，应尽量让对方第一时间做出肯定的反应，这将对你们的结果起到意想不到的作用。

一个懂得说话技巧的人，会在一开始就得到许多“是”的答复。这可以引导对方向肯定的方向发展。就像撞球一样，一旦稍有偏差，球碰回来的时候，就完全与你期待的方向相反了。

“是”的反应其实并不难，却为大多数人所忽略。也许有些人以为，在一开始便提出相反的意见，这样不正好可以显示出自己的智慧和主见吗？但事实并非如此，在现实生活中，让人说“是”的这种方法很有效。詹姆斯·艾伯森是格林尼治储蓄银行的一名出纳，他就是采用这种办法挽回了一位差点与其失之交臂的顾客：

有个年轻人走进来要开个户头，我让他填写几份表格，但他断然拒绝填写其中的一些资料。

在我没有学习人际关系课程以前，我一定会不假思索地告诉这个客户，假如他拒绝向银行提供一份完整的个人资料，我们是没办法给他开户的。但今天早上，我突然想，顾客的需求才是首要的。所以，我决定一开始就先诱使他回答“是，是的”。丁是，我先同意他的观点，告诉他，那些他所拒绝回答的资料，其实是可有可无的。

“但是，一旦发生意外，你是否愿意银行把钱转给你所指定的亲人？”我问他。

“是的，当然愿意。”他回答。

“那么，你不觉得你应该把这位亲人的名字告诉我们，以便我们届时可以依照你的意思处理，而不致出错或拖延吗？”我继续问他。

“是的。”他再度回答。

年轻人的态度已经缓和下来，他知道填写资料是为了他的利益。所以，最后他不仅填写了所有资料，而且还在我的建议下，开了一个信托账户，指定他母亲为法定受益人。当然，他也填写了他母亲的有关资料。

由于我一开始就让他回答"是，是的"，这样，反而使他忘了原本存在的问题，而高高兴兴地去按我的建议做。

约瑟夫·艾利森是西屋电气公司的一位业务代表，他在培训课上讲述了自己的经历：

在我的辖区内有个人，公司一直很想和他做生意。我的前任代表和他接洽了10年，也没做成一笔生意。等我接管以后，又与他联系了3年，还是没有取得实际效果。最后，他经不住我们一再商谈、打电话，终于买了些发动机。万事开头难，既然有了开始，以后就不难再继续下去。我始终抱定这样的想法。

3个礼拜之后，我信心十足地再次拜访。

接待我的是他们的总工程师，他告诉我一个惊人的消息："艾利森，我不能再买你们的发动机了。"

"为什么？"我惊讶地问道。

"因为你们的发动机发热量大，温度太高了，把手放上面会烫伤。"

我知道，这时争论是没有用的，因为我有很多这方面的经验，所以我想起了"是"反应的原则。

“啊，史密斯先生，”我说道，“您说得很对。要真是这样，就不要再多买了。您这里一定有符合电气公司标准的发动机吧？”

他说：“是。”于是，我得到了第一个“是”反应。

“电气公司一般规定发动机的温度可高出室温72华氏度，是吗？”

“是的。”他又表示同意，“但你们的产品温度太高了。”

“工厂里的温度是多少？”我温和地问道。

“啊，大概是75华氏度左右。”他回答。

“应该不可能。”我说道，“假如工厂内的温度是75华氏度，则发动机的温度就高达147华氏度以上了，您把手放上去是不是会烫伤呢？”

“是的。”他无奈地说。

“很好。”我轻声说道，“那么，您是不是以后不要再把手放在发动机上了呢？”

“我想你说得很正确。”他承认。在往后数个月里，我们又成交了将近3.5万美元的生意。

加州奥克兰的爱迪·史诺先生也谈到了他如何成为一家商店的主顾。这也是因为“是”反应原则的运用。

爱迪喜欢狩猎，因而花了不少钱去添购器材和装备。一天，他的哥哥来访，建议他改用租的方式。于是，爱迪到他常常去的店里询问。但店员说他们没有这项业务。于是，爱迪又打电话到别处询问，以下是爱迪的叙述：

有位愉快的男士接了电话。他听完我的叙述，表示非常遗憾，因为他们店里已不做这种服务了。然后他问我以前是否租过，我回答："几年前租过。"他提醒我，那时一把弓的租金是不是在25美元到30美元之间。我又回答："是的。"接着，他问我是不是个喜欢节约的人，我当然回答："是的。"接着，他解释道，他们正好有一套特价销售的弓箭，包括所有小装备，总价才30多美元。言外之意就是，我只需多付几美元便不须租借，而可以拥有整套的器材。他还解释，这就是他们店里不再办理租借的原因，因为那样太不划算。后来，我买下了那套器材和配件。从此以后，我成了他们店里的常客。

苏格拉底是人类历史上最伟大的哲学家之一，他改变了人类的思维方式。至今，大家仍尊他为最具智慧的说服者，因为他对这个纷争的世界影响很大。他的秘诀是什么？直接指责别人的错误吗？当然不是。他的方法现在被称为"苏格拉底法则"，也就是我们提到的"是"反应技巧。他首先问些对方同意的问题，然后将对方引向自己的方向。对方只好继续不断地回答"是"，等到对方觉察时，他就能得到早已被设定好的结论了。

下次你要指出别人错误的时候，请记住苏格拉底法则，问些温和的问题——一些能引发别人做出"是"反应的问题。中国有句最能反映东方人智慧的格言：以柔克刚。

如果你想赢得别人的认可，请不要忘记第五大原则：

首先让对方开口说"是，是的"。

给他人说话的机会

很多人为了让别人同意自己的想法，一直不停地说话。尤其是那些推销员，他们更易犯这种错误。其实，你不如让对方畅所欲言，因为每个人一定比别人更了解自己，所以，不如问他一些问题，让他给你讲述有关的一些事情。

如果你不同意他人的意见，最好也不要阻止他，因为这样做并不会有什么效果。如果他还有话要说，他只会关注自己。所以，你要忍耐一点，用一颗开放之心听取他人的话，并诚恳鼓励他说出内心真正的想法。

这一原则在商业中更是意义非凡，我们一起看下面的例子：

数年前，美国最大的一家汽车公司正在接洽采购一年中所需要的坐垫布。3家有名的厂家已经做好样品，并接受了汽车公司高级职员的检验，然后，汽车公司发出通知，给各厂最后一次展示的机会。

有一个厂家的代表R先生来到了汽车公司，当时他正患着严重的咽喉炎。“当我参加高级职员会议时，”R先生在我的训练班中叙述他的经历说，“我嗓子哑得几乎不能发出声音。我被引进办公室，与纺织工程师、采购经理、推销主任及该公司的总经理进行会晤。我站起身来，很想表达自己的想法，但我的声音很奇怪。

“大家都围桌而坐，所以我只好在本子上写了几个字：诸位，很抱歉，我嗓子哑了，无法开口。

“‘我替你说吧。’汽车公司总经理说。后来他真替我说话了。他陈列出我带来的样品，并极力称赞它们的优点，引起了在座其他人活跃的讨论。那位经理在讨论中一直站在我这边说话，我在会上只是微笑点头并做出少数手势。

“结果很出乎我的意料，我得到了那笔订单，汽车公司订了50万码的坐垫布，价值160万美元，这是我得到的最大的订单。

“我知道，如果我嗓子没事，我很可能会失去那份合同，因为我对整个过程的考虑是错误的。通过这次经历，我真的发现，给他人说话的机会有时是多么有价值。”

有一家电气公司的业务员范勃也深有同感，下面是他提供的例子：

有一次，范勃先生正在宾夕法尼亚进行一次农业考察。

“为什么这些人不用电器?”他经过一家整洁的农家时向该区代表问道。

“他们是守财奴，一毛不拔，”区代表厌烦地回答说，“并且他们对公司也不感兴趣。我已经试过多次了，彻底放弃吧。”

虽然没有希望，但范勃还是坚持要试一试。他走过去叩一户农家的门，老罗根保夫人从门缝中探出头来。

“她一看见公司代表，”范勃先生讲述说，“就当着我们的面把门一摔。我再叩门，她又把门开了一点，告诉我，她对公司的产品没兴趣。

“‘罗根保夫人，’我说，‘我很抱歉打搅了你，但我不是来向你推销电器的。我只想买些鸡蛋。’

“她将门再打开了点，探出头来用疑惑的眼神望着我们。

“‘我知道你有一群很好的都敏尼克鸡，’我说，‘而我想买一打新鲜鸡蛋。’

“门又打开了一点。‘你怎么知道我的鸡是都敏尼克鸡?’她感到好奇。

“‘我自己也养鸡，’我回答说，‘但你这里的鸡是我见过的最好的都敏尼克鸡。’

“‘那你为什么不用你自己的鸡蛋?’她还有些不相信我。

“‘因为我的来格亨鸡生白蛋。你是会烹调的，自然知道在做蛋糕时，白蛋比不上精蛋。’

“这时，罗根保夫人大胆地走了出来，来到廊中，态度也温和多了。我环顾四周，发现农场中置有一个很好的牛奶棚。

“‘罗根保夫人，实际上，’我接着说，‘我可以打赌，你的鸡肯定比你丈夫的牛奶棚赚钱。’

“嘿！她高兴极了！当然，确实是她赚得多！她听我这么说就更加高兴了，但可惜她顽固的丈夫不会承认这一点。

“她请我们参观她的鸡舍，我留意她所造的各种小设备，我介绍了几种食料及几种温度，并在几件事上询问了她的看法及经验。片刻间，我们就很高兴地交换了经验。

“过了一会儿，她说她几位邻居在他们的鸡舍里装置了电灯，据说效果很好。她询问我：‘这种方法真的有效吗?’我给予了她肯定的回答。

“两星期以后，罗根保夫人的都敏尼克鸡也见到了灯光，它们在电灯的照耀之下叫唤着、跳跃着。我得到了我的订单，她的鸡蛋也大卖，皆大欢喜。

“但如果我不先将她诱入圈套，这位守财奴式的妇女是永远也不会买我的电器的。”

事实上，每个人都喜欢谈论自己的成就而不愿听别人吹嘘他们的成就，即便是朋友也如此。法国哲学家罗西法考说：“如果你想树敌，就胜过你的朋友；但如果你要得到朋友，那就让你的朋友胜过你。”

这是为什么呢？因为当我们的朋友胜过我们时，他们获得了一种自重感；但当我们胜过他们时，他们会产生一种自卑感。

德国人有一句俗语：“最纯粹的快乐，是幸灾乐祸。”是的，你有些朋友，恐怕从你的困难中比从你的胜利中得到的快乐会更多。所以，不要时时炫耀自己，我们要谦虚，这样才能永远使人喜欢你。

我们应当谦虚，因为你我都没有什么了不起的。你我都要逝去，过百年之后彻底被人遗忘。生命过于短促，不要总是谈论我们小小的成就，那样使人厌烦。反之，请给别人说话的机会。

综上，赢得别人认可的第六大原则是：

让对方多说话。

别将自己的意见强加于人

有一家汽车展示中心的业务经理阿道夫·赛兹，发现公司的业务员办事无精打采、态度散漫。为了改善这种状况，他召开了一次业务会议，鼓励下属说出他们对公司的期望。他把大家的意见写在黑板上，然后说道："我会尽量满足大家的要求。现在，你们知道我对你们的期望是什么吗？"紧接着，他提出了自己的要求：忠诚、进取、乐观、合作、每天 8 小时热心地工作等。会议结束的时候，大家精神百倍、干劲十足，有个业务员甚至自愿每天工作 14 小时。赛兹说，那次会议以后，公司的业务果然蒸蒸日上。

"这些人跟我做了一次道德交易。"赛兹先生说，"只要我能主动实践自己的诺言，他们就会实践他们的诺言。我征询他们的愿望和期待，这一做法正好满足了他们内心的需求。"

没有人喜欢接受推销，或被人强迫去做一件事。我们都喜欢自由，或按照自己的意思行动，我们喜欢别人征询我们的愿望、需求和意见，而不是强迫接受。

韦森先生专门从事将新设计的草图卖给服装设计师和生产商的业务。3年来，他每星期或每隔一星期，都亲自登门拜访纽约最著名的一位服装设计师。“他每次都接见我，但也从来没有买过我所设计的东西。”韦森说道，“他每次都仔细地研究我带去的草图，然后说：‘对不起，韦森先生，我今天又不会买你的产品！’”

经过150次的失败，韦森发现自己一定是过于墨守成规，所以，他决心研究一下人际关系的有关法则，以帮助自己获得一些灵感。

后来，他采用了一种新的处理方式。一次，他带着几张没有完成的草图去见设计师。“我想请您帮点小忙。”韦森说道，“不知道能否帮我完成这几张草图，以更加符合你们的期望？”

设计师没说什么，只看了一下草图，然后说：“草图留下，过几天再来找我。”

3天之后，韦森回去找设计师，然后把草图带回工作室，并按照他的意见把它们画完。结果呢？从那时起，这位买主订了许多图样，当然，这些全是照他的意见画的，韦森从他那里赚了1600多美元。韦森说道：“以前，我一直希望他买我设计的东西，这是不对的。后来，我征求他的意见，发现他才是设计者。我并没有把东西推销给他，是他自己买了。”

此外，还有一则发生在一个医师身上的例子，也可以很好地说明这一点。

医师在纽约布鲁克林区的一家大医院工作。医院需要添购一套 X 光设备，许多厂商听到这一消息，纷纷前来推销自己的产品。

但是，有一家制造厂商则采用了一种独特的方法。他们写来一封信，内容如下：

> 我们工厂最近完成了一套 X 光设备，前不久才运到公司来。由于这套设备并非完美无缺，为了能进一步改良，恳请您拨冗指教。为了不耽误您宝贵的时间，请您随时与我们联络，我们会派车去接您。

“接到信，我非常惊讶，”医师说道，“以前从没有厂商询问过我们的意见，所以，这封信让我感到了自己的重要性。那一星期，我每天都很忙，但还是腾出时间去看了看那套设备。最后我发现，我真的很喜欢那套设备。”

“没有人向我推销，是我建议医院购买的。”这个医师说道。

另外，有个加拿大人也运用这种方法影响了我。那时，我正打算前往加拿大的新布朗斯威克省去钓鱼划船，便写信给旅游局索取资料。显然，我的名字列上了邮寄名单，因为我收到了许多从营地和向导家寄来的信件，我不知道如何选择。后来，有个聪明的营地主人寄来了一封信，内附许多姓名和电话号码，都是曾经去过他们营地的纽约人。他要我打电话询问这些人，便可详细了解他们营地所提供的服务。

令我惊喜的是，我在名单上发现了一个朋友的名字，便打电话给他，向他请教。 最后，我又打了个电话给营地，通知他们我到达的日期。

其他人都强行向我推销，但这个营地却让我自己选择。因此，他胜利了。

老子曾说过一番话，也许对今日的许多读者仍有益处：“江海所以能为百谷王者，以其善下之，故能为百谷王。 是以欲上民，必以言下之；欲先民，必以身后之。 是以圣人处上而民不重，处前而民不害……”

所以，如果你要赢得别人的认可，请谨记第七大原则：

别将自己的意见强加于人。

善于从他人的角度考虑问题

生活中常常会有这种情形：对方对自己的错误不以为然。在这种情况下，不要指责他人，因为这是愚人的做法。你应该从他的角度去考虑问题，且只有聪明、宽容、特殊的人才会这样去做。

对方为什么会有那样的思想和行为，其中自有一定的原因。探究清楚了其中缘由，你便得到了了解他人行动或人格的钥匙。而要找到这种钥匙，就必须诚实地站在他人的立场上考虑问题。

假如你对自己说：“如果我遇到他这样的困难，我会怎么做？”这样，你就可省去许多时间与烦恼，也可以学到许多处理人际关系的技巧。

多年来，我常到离家不远的公园中散步、骑马，以此作为消遣，像古时的高尔人一样。我很喜欢橡树，因此，每当我看见一些小树被烧毁时就非常痛心。这些火不是由粗心的吸烟者引发的，它们几乎都是因到园中野炊的孩子们摧残所致。有时，这些火蔓延得很凶，必须叫来消防队员才能扑灭。

公园边上有一块布告牌，上面写道：禁止放火，违者罚款。但由于这布告牌竖在偏僻的地方，所以儿童基本上看不见它。有一位骑马的警察负责照看这一公园，但他对自己的工作不太尽责，火仍然经常蔓延。有一次，我跑到一个警察那边，告诉他公园着火了，要他通知消防队。但他却冷漠地回答说，那不关他的事，因为那不在他的管辖区中！我急了，所以从那时起，当我骑马的时候，我就担负起了保护公共环境的义务。最初，我没有试着从儿童的角度来看待这件事。当我看见树下起火时，就非常生气，急于想阻止他们。我上前警告他们，用威严的口气命令他们将火扑灭。而且，如果他们拒绝，我就叫警察来抓他们。其实，我只是在发泄我的情感，却忽略了孩子们的感受。

结果呢？那些儿童怀着一种反感的情绪遵从了。但当我离开以后，他们又重新生火，并恨不得将整个公园烧尽。

多年以后，我决定改变一些我的有关处理人际关系的方法。于是，我不再发布命令，甚至威吓他们，而是温和地说道："孩子们，这样很惬意，是吗？你们在做什么晚餐……我小时候也喜欢玩火，我现在依然很喜欢。但你们知道在这公园中生火是非常危险的，我知道你们不是故意的，但别的孩子们不会这样小心，他们看见你们生了火，所以他们也会学着生火，回家的时候也不扑灭，以致引起大火。如果我们再不小心，这里就不会有树林了。而且，因为生火，你们也可能会犯罪。我知道，我不应该干涉你们的快乐，而且我也喜欢看到你们如此快乐。 但请你们即刻将所有的树叶扒离火远些。 在你们离开以前，要记得用土把它盖起来。 下次请你们到沙滩中生火，好吗？ 那里不会有危险。 多谢了，孩子们。 祝你们快乐。”

这样，说服效果大不一样！ 它使孩子们产生了一种同你合作的欲望，没有怨恨，没有反感。 他们没有被强制服从命令，他们保全了面子。 他们的感觉良好，我也感觉很好，因为我在处理这事情时，是从他们的角度考虑的。

如果你读这本书的结果是学到了一点：站在他人的立场上看问题，那么，这或许将成为影响你终身事业的一个关键因素。

所以，如果你要赢得别人的认可，请谨记第八大原则：

善于从对方的角度看事情。

第四章

掌握说服他人的技巧

称赞并欣赏他人

在柯立芝总统执政期间，我的一位朋友在一个周末去白宫做客。当走进总统的私人办公室时，他听到柯立芝正在称赞他的一位女秘书说：“你今早穿的衣服很好看，你真漂亮。”

这恐怕是一向寡言的柯立芝总统一生中给一位秘书的最动人的称赞了。这确实有点出人意料，那女子受宠若惊，不知所措。柯立芝于是说道：“不要不好意思，我说这些话只是为了让你觉得舒服一些。从现在起，我希望你多注意一下你的缺点。”

尽管柯立芝总统采用的方法似乎太明显了，但他确实运用了一种心理技巧——当我们听完别人称赞自己的优点后，再去听一些批评的话，自然不会觉得太难受。这正如理发师在替人修面之前，总是先涂上一层肥皂一样。这也是麦金利在 1896 年竞选总统时所采取的一种做法。

当时，有一位著名的共和党人写了一篇演讲稿。他自我感觉良好，且这位先生非常自信地将他那不朽的演讲稿大声朗读给麦金利听。这篇演讲稿确实有它的优点，但麦金利总觉得有些地方不大合适，因为它会引起一场批评的风波，可是，麦金利又不愿伤害这位作者的自尊心。他不想泼冷水，但又不得不说“不”。那么，他是怎样巧妙处理的呢?

“我的朋友，这确实是一篇极好的演讲稿，一篇不朽之作。”麦金利说，“没有人能准备这么好的一篇演说稿，在许多场合，我可以这样说。但在特殊场合却未必合适。也许从你的立场来看，这是非常合适的，但我必须从我所代表的政党的立场来考虑它所产生的影响。现在，你回家去，按照我的修改意见，再重写一稿。”

那人按照麦金利所说的做了。麦金利加以修改，帮助他重新写好了第二篇演讲稿。后来，他成为竞选中一位很有影响的演讲员。

下面是林肯所写的第二封最著名的信（他的第一封最著名的信是写给毕克斯贝夫人的，对她在战争中失去了5个儿子表示哀悼）。林肯只花了5分钟写这封信，但在1926年公开拍卖时，它卖了1.2万美元（林肯苦干50年也得不到这么多）。

这封信是在1862年4月26日（内战最黑暗的时期）写的。18个月来，林肯的军队屡战屡败。数千名兵士从军中逃脱，甚至参议院的共和党议员都有人叛乱，并强迫林肯退出白宫。“我们现今处在灭亡的边缘上，”林肯说，“好像上帝都在反对我们了。我基本上陷入了绝望的境地。”这封信写于那个黑暗、动乱的时期。

下面我们来看看这封信的内容，从中我们便可以知道林肯是如何改变一位喧哗的将军的，而且是在全国的成败命运可能维系在这位将军的行动上的时候。这估计是林肯在做总统以后所写的最尖锐的一封信，但他还是在批评胡格之前先表扬了他一番。

是的，那的确是些严重的错误，但林肯没有这样指出它们，而是用了更委婉、更富外交性的手段。下面是致胡克将军的信：

我已经将你放在军队的首位。当然，我这样做是有充足的理由的，但我想，你最好知道，在有些方面，我对你不是十分满意。

我相信你是一位智勇双全的将军，我也非常欣赏你这点。我也相信，你不会将政治与你的职务混淆起来，在这件事上，你是对的。你所拥有的自信是一种有价值的、不可缺少的性格。

你有志气，在某种程度上是件好事。但我想要柏恩赛将军带领军队的时候，你出于个人的原因，竭力阻挠他。在这件事上，你对国家、对一位战功显赫的同僚长官犯了一个大错。

据我所知，你最近曾说过，军队与政府都需要一位领导者。当然，不是因为这个，更没有必要去考虑这个，我方给了你统治权。

只有拥有胜利的将领，方能成为领导者。如果你能取胜，为此我不惜冒独断专行的风险。

政府会尽力帮助你，就像帮助其他将领一样。我深怕你以前带到军队中的那些思想——批评及不信任将领，现在将回报到你的身上。但是，我会尽力帮助你肃清这种思想。

当这种精神存在于军队中时，不管是你，还是拿破仑（如果他还活着），对军队都毫无好处。现在，你要小心，不要匆忙，要坚持不懈地努力前进，使得我们获得最终胜利。

这封信的字里行间都流露出严肃的谴责，但字面上却依然委婉诚恳，娓娓动听。那位将军读完此信，怎能不衷心感动而甘愿效忠呢？这就是林肯的过人之处。

当然，你不是柯立芝、麦金利或林肯，但你要知道，这种处世哲学对你的日常生活和工作是相当有用的。下面，让我们再看看费城华克公司的高伍先生的例子吧。

高伍先生是一位普通人，他是我的学生，他在班中的一次演说中叙述了这样一个故事：

华克公司在费城承包了一幢办公大厦的建筑工程，要求在规定期限内完工。一切都进行得很顺利，即将完工时，建筑物外部装饰材料的供应商突然声称他不能按期完成供货。这样，就因这一个人，整个建筑工程都要受到影响，这将产生巨额的罚金、惨重的损失！

于是，高伍先生被派赴纽约去拔这头狮子的胡须。

“您知道吗？您的姓名在勃罗克林是独一无二的。”

高伍先生进入这位经理的办公室的时候问道。这位经理很惊异："不，我从来也不知道。"

"哦，"高伍先生说，"当我今天早晨下火车后，我在通讯录中寻找您的住址，结果发现现在勃罗克林的电话簿中只有一个叫您这个姓名的。"

"我从不知道，"经理说，接着，他兴致勃勃地查阅电话簿，"那不是平常的姓名，"他自豪地说，"我的祖先在200年前从荷兰迁到纽约。"他花了几分钟时间谈论他的家庭及祖先。当他说完后，高伍先生恭维他有多么大的一家工厂，并且是他参观过的同类厂家中最好的一个。

"我一生的时间几乎都花在了这项事业上，"经理说，"我很自豪。我带你参观工厂吧！"在这次参观的时候，高伍先生恭维他的构造系统，并告诉他为什么那儿看起来比其他厂家要好，优势在哪里。高伍先生评论了几种特别的机器，经理自豪地告诉他那些机器如何运转及它们所造出的产品如何优良，随后，他坚持要请高伍先生吃午餐。请不要忘记，直到这时，高伍先生也只字未提自己来访的目的。

午餐以后，经理说："现在，言归正传，我自然知道你来的真正目的。我想不到我们的聚会会这样愉快，你可以带着我的承诺回费城去。只要制造好材料，我马上派人送过去，即使别的订货不得不延迟。"

高伍先生甚至没有请求，就得到了所要的东西。 材料按期交到，整个建筑工程在规定的时期内完成了。 如果高伍先生在这件事中采取的是一般人所采用的方法，他未必能得到这种结果。

因此，如果你想说服他人，请不要忘记第一项原则：

从称赞与真诚的欣赏开始。

间接委婉地指出他人的错误

很多大公司或机构的主管通常难以接近。没错，他们确实很忙，但更多的时候是被下属挡掉了。他们为了减轻上司的负担，挡掉了不少求见者。卡尔·朗佛曾当过佛罗里达州奥兰多市的市长，那里是迪士尼乐园的所在地。他在任的时候实行“开门政策”，经常要下属让百姓进来见他，但是，市民还是常常被秘书和管理人员挡驾。

后来，市长想了一个解决的办法，把办公室的门拆了！这一举动，显示了市长对此事的决心，助手们这才把上司的话当回事儿。

有许多人在真诚地赞美他人之后，喜欢拐弯抹角地加上“但是”两个字，接踵而至的便是一连串的批评。举例来说，有人想改变孩子漫不经心的学习态度，很可能会这样说：“杰克，你这次成绩进步了，我们很高兴。但是，如果你在代数上多花点时间，那就更好了。”

◇ 指出问题时要间接委婉 ◇

一个月后

在这个例子里，原本受到鼓舞的杰克，在听到“但是”两个字之后，很可能会怀疑前面一句话里对他赞美的真假。对他来说，赞美是批评的前奏。这样，不但赞美的真实性在杰克心中大打折扣，而且对杰克的学习态度也不会有什么帮助。

但如果我们改变几个字，效果就会大不一样。我们可以这么说：“杰克，你这次的成绩进步了，我们很高兴。如果你在数学方面继续努力下去的话，下次一定会更好。”

这样的话，杰克听了一定会很高兴，因为后面没有附加转折，而在这个过程中，我们也间接提醒了他应该改进的事项，他便知道该如何做以达到我们的期望。

间接提醒比直接指出错误更有效，且不会引起别人的强烈反感。玛姬·贾可布有次谈到，她如何使懒散的建筑工人养成事后清理的好习惯。

贾可布太太请了几位建筑工人加盖房间。一开始，每次她回家的时候，总发现院子里乱七八糟，到处是木头屑。但他们技术很好，贾可布太太不想让他们反感，便想了一个解决的办法。等工人们离去之后，她便和孩子把木屑清理干净，堆到园子的角落里。第二天早上，她把领工叫到一旁，对他说：“你们昨天把前院清理得很干净，邻居们也不说闲话，对此我很满意。”从此以后，工人们每天完工之后，都把前院清理干净，领工也每天检查前院有没有保持整洁。

此外，这儿还有一例能说明上述的道理。许多后备军人最感头疼的事就是在受训期间理发，因为他们认为自己仍算是普通老百姓。一级上士哈利·凯瑟在和我闲聊时曾提到，有一次，他奉命训练一群后备士官。按照旧时对一般军人的管理法，他大可对那群士官吼叫，或出言恫吓。但他并没有这么做，而是用间接手段达到了目的。

“诸位，”他这么说，“站在这里的都是未来的领导者，想必大家都知道军中对头发的规定，我今天就要按照规定去理发，虽然我的头发比你们的还短得多。诸位等一下到镜子里看看自己，如果觉得需要，我们可以安排时间到理发室去。”结果可以想象，他们都按规定剪了头发。

如果你要说服他人，就应该谨记第二项原则：

不要直接指出他人的错误。

不要总是责怪他人

3 年前，我的侄女乔瑟芬·卡耐基到纽约来担任我的秘书。她当时只是一名 19 岁的高中毕业生，没有任何工作经验。如今，她已是一位十分干练的秘书了。在刚开始的时候，她十分敏感、脆弱。有次，我准备指责她，但转念一想对自己说："等一下，戴尔，等一下。你几乎有乔瑟芬两倍的年纪，更有多出她好几倍的做事经验，怎么可以要求她能有你的看法、判断和主动自发的精神？何况你自己也不怎么样。还有，戴尔，你在 19 岁的时候是什么样子？记得你像蠢驴一样干下的蠢事吗？记得你做过这些……还有那些……吗？"

一想到这里，我只能如实地下个结论：乔瑟芬比我当年好多了。而实在惭愧得很，我从来没有称赞过她。

从此，一遇到乔瑟芬犯错时，我总是这样说："乔瑟芬，你犯下了一个错误。但是，老天知道，我以前也常常如此。判断力并非与生俱来，那是靠经验的积累，何况我在你这个年纪的时候还不如你呢。我实在没有资格批评你或别人，但是，依我的经验，假如你这么做的话，不是会更好些吗？”承认我们的错误很难，但假如对方谦卑地自称他们也并非完美，那我们就比较容易接受了。

加拿大有位工程师叫迪利斯通，他发现秘书常常在口授的信件中拼错词，每页总有几个错词。那么，他是怎么处理的呢？

“就像许多工程师一样，在别人眼里，我的英文或拼写也不那么好。我有个保持了好几年的习惯，就是常常随身带着一本小笔记簿，随时记下我常拼错的词。我虽然常常指正秘书所犯的错误，但她还是常常拼错，一点长进也没有。我决定改变方式，等第二次又发现她拼错时，我坐到打字机旁耐心地告诉她说：‘这词看起来似乎不对，也是我常拼错的许多词之一，幸好我常常带有拼写簿（我打开拼写簿，翻到所要的那页）。哦，就在这里。我现在非常注意拼写，因为别人常常因此而评判我们，而且拼错词也显得我们外行。’

“我不知道她是否采用了这种方式。但很显然，自那次谈话之后，她就很少再拼错词了。”迪利斯通说道。

承认自己的错误，即使你还没有改正，但这也可以帮助你进一步改善它。下面是克莱伦斯·泽休森讲述的故事：

他发现15岁的儿子正学着抽烟。“我当然不愿意他抽烟，”泽休森说道，“但是他的妈妈和我都抽烟，我们没有给孩子做出好榜样。我向大卫解释，自己如何也在年轻的时候开始抽烟，如何为烟瘾所害，到现在已经是无力回天了。我提醒他，我常咳嗽得很厉害，如果他抽上几年，情况也会跟我一样。我没有劝他不抽，或是告诉他抽烟的危害。我只是讲述自己如何上瘾，然后受到怎样的影响。”

大卫想了一阵子，决定在高中毕业前暂不抽烟。好多年过去了，大卫再也不抽烟了。

“那次谈话之后，我也决定戒烟，在家人的支持和帮助下，我终于成功了。”泽休森说道。

如果你要说服他人，那么请遵循第三项原则：
不要总是责怪他人，先想想自己的错误。

不要指使他人

有一次，我极荣幸地与资深的传记作家伊达·塔贝儿共进晚餐。我说到自己正在写这本书，于是我们便讨论起怎么与人相处这个话题。她告诉我，在她写《欧文·扬传》的时候，曾和一位与扬先生共事3年的人谈话。这位先生宣称，他从未见过扬命令别人，他只是建议。譬如欧文·扬不会说“去干这个、干那个”或“应该这么做，应该那么做”，他会说“你考虑过这样吗”或“你觉得那样有用吗”……他常常在口授一封信之后说：“你的意见呢？”接过助手写的信之后，他会说：“这样写是不是更好呢？”他不教助手做什么，而是让他们自己去做，让他们自己在错误中学习。

这种办法有利于一个人改正错误，保持个人的尊严，给他一种自重感。这样，他就会与你保持合作，而不是背叛。无礼的命令只会导致更坏的结果，即使这个命令可以用来改正他人明显的错误。

宾夕法尼亚州有位教师丹·桑塔雷利给我讲述了这样一

件事：

有个学生把车子停错了地方，因而挡住了别人的通道。有个老师冲进教室很不客气地问："是谁把车子停在那儿挡住了通道？"等汽车主人回答之后，这位教师厉声说道："马上把车子移开，否则我叫人把车拖走。"

这个学生是犯了错，车子的确不应该停在那里。但是，从那天开始，不只那个学生对老师心存不满，别的学生也故意捣蛋，使那位老师不得安宁。如果那位老师用不同的方式处理这一事情，结果也许就不一样了，他可以好好地问："谁的车挡住了通道？"然后，建议这位学生移开车，以方便别人进出。我相信这个学生会听他的，而不致让他引起公愤。

还有这样一件事：

伊恩·麦克唐纳是南非约翰内斯堡一家小工厂的总经理。这家工厂的主要业务是制造精密机器零件。有人愿意向他们订购一大批货物，但要麦克唐纳先生保证到期交货。由于工厂进度早已安排好，要在短时间内另外赶出一大批货，他也没有把握。麦克唐纳没有催促工人赶工，他只是召集了所有员工，把事情的来龙去脉说了一遍，便开始提出问题：

"我们现在该怎么办？"

"有没有人有好的办法，看我们是否可以赶出这批货?”

“有没有什么办法可以调整一下时间或个人分配的工作，以确保如期完工?”

员工们各抒己见，并坚持接下订单。结果他们接下订单后，如期完工。

作为一位有头脑的领导者，如果你想说服他人，那么，应该坚持的第四项原则是:

不要指使他人。

保全他人的面子

几年前，通用电气公司遇到了一个难题，公司不知该如何给一位部门主管查理·史坦梅兹安排新职务。他以前在电气部门时是个一级天才，但调到计算机部门当主管后，公司却发现他无法胜任新工作。但公司领导不愿意伤他的自尊，毕竟他是一个不可多得的人才，何况他还是个敏感的人。于是，公司给了他一个新头衔：通用电气公司咨询工程师——他还是干了他的老本行，只不过换了一个新头衔，而公司则趁机换了另一个人当计算机部门主管。

史坦梅兹对这一结局非常满意。通用电气公司当然也很高兴，因为他们终于把这位易怒的明星成功遣调，而且没有引起什么风暴——公司给他留下了足够的面子。

保全他人的面子，非常重要！而我们却很少会考虑到这个问题。我们常喜欢摆架子、我行我素，挑剔、恫吓、在众人面前指责孩子或雇员，忽视别人的感受，但是，若你讲几句关心的话，换位思考一下，也许可以缓和许多不愉快的

◇ 不要驳他人面子 ◇

小美，你这双鞋子可真好看。
是啊，这是Jimmy Choo这季的新款。
我们公司最近在研究他们的当季新品，但我不记得有出过这么一款。
那可能是我记错了吧，我老公好像在冲我招手呢，我先过去了。
我也开始有点后悔了。
你何必要直接指出她鞋子的问题呢？这样等于当众驳她面子。

场面。

下一次，当我们必须解雇员工或惩戒他人的时候，请记住这点。

一位注册会计师马歇·葛伦杰说：“解聘别人和被人解雇都很没趣。我们的业务具有季节性，所以，在所得税申报热潮过了之后，我们要开除许多人。我们这一行有句笑话：没有人喜欢挥动斧头。因此，大家变得麻木不仁，只想尽快结束。通常，例行谈话是这样的：‘请坐，史密斯先生。旺季已经过去了，你的事也做完了。当然，你也明白我们只是在旺季的时候雇用你，因此……’

“这种谈话会让当事人失望，而且极其伤人。所以，若非情非得已，我绝不轻言解雇他人，而且会肯定他的工作并告诉他：‘史密斯先生，你的工作做得很好（如果真的很好的话）。上次我们要你去纽瓦克，那工作很棘手，但你处理得很好，我们想要你知道，公司十分以你为荣，也相信你的能力，愿意永远支持你，希望你记得这些。’结果如何？被遣散的人觉得好过多了，至少不会觉得‘伤自尊’。他们知道，假如我们有工作岗位的话，还是会继续留他们做的。或是等我们又到了旺季时，他们还是很乐意再回来的。”

另外，宾夕法尼亚州的弗雷德·克拉克和我说起了发生在他们公司的一段插曲：

有一次开生产会议的时候，副总裁提出了一个有关生产过程中管理方面的尖锐问题。他气势汹汹，矛头直指生产部总督，一副盛气凌人的样子。为了在同事面前保全面子，生产部总督对问题避而不答。这使副总裁更加生气，直骂生产总督是个骗子。

再好的工作关系，都会因这样的火爆场面而毁坏。平心而论，那位总督是个很好的雇员。但后来他辞职了。几个月后，他转到了另一家公司，据说表现很不错。

安娜·玛桑也谈到了相同的情形，但结果却大不相同。玛桑小姐在一家食品包装公司当市场调查员，她做的第一件事就是为某一项新产品做市场调查。她说道：

当结果出来的时候，我几乎崩溃，由于我计划工作的一系列错误，导致整个结果完全错误，必须从头再来。祸不单行的是，报告会议即将开始，我已经没有时间了。

当他们要求我做报告的时候，我非常害怕。我尽量使自己不至于哭出来，免得又惹得大家嘲笑。因为太激动了，我简短地说明了一下情形，并表示要改正过来，下次会议再汇报。坐下后，我等待老板的批评。

出乎意料地，老板表扬我工作勤奋，并表示新计划不会十全十美。他相信新的调查一定正确无误，会对公司有很大帮助。他在众人面前肯定我，相信我已尽了力，并说我缺少的是经验，而非能力。

我昂首挺胸离开会场，并下定决心不会再让我的老板失望。

假使别人绝对是错的，而我们是对的，我们也不应该不顾及别人的颜面，而毁了这个人的自尊。 可见，说服他人应当遵守的第五项原则是：

保全他人的面子。

称赞对方最微小的进步

我认识派洛，他终身随同马戏团到处巡回演出。我喜欢看他驯狗，我留意到一点，只要狗有些许进步，他便轻轻地拍拍它、称赞它，并给它肉吃，而且绝对表现出一副郑重其事的样子。

那不是什么新鲜事，数百年来，训练动物大都是采用同样的方法。我感到很奇怪，当我们要改变一个人的时候，为何不采取同样的方法呢？为什么我们不以肉代鞭？为什么我们不用称赞代替指责？即使是一丁点进步，我们也要称赞、激励以便他能继续进步。

劳斯狱长已经发觉，即使是对星星监狱①里的罪犯，称赞其最微小的进步，也会收效显著。“我已经发觉，”劳斯狱长在写给我的一封信中说，“对于罪犯所做出的努力进行适当的激励，比批评惩罚更有效，并能有助于他们完善自己的

① 星星监狱：全美最大的监狱之一，关押重刑犯的监狱。

人格。”

我从未被拘禁在星星监狱中——至少现在还没有，但我回想起自己的生活，发现有些时候几句称赞的话的确影响了我的一生。在你的一生中，是否也有过与此相同的情形呢？历史上，因称赞而走向成功的奇迹，简直数不胜数。

50年前，一位10岁的孩子在一家工厂中做工，他的理想是成为一名歌唱家，但他的第一位教师给了他一个沉重的打击。“你不适合唱歌，”他说，“你五音不全，那听起来像风雨吹打中的百叶窗发出的难听的声音似的。”

但他的母亲——一位贫苦的农家妇女，抱着自己的孩子告诉他，她知道他可以实现理想，她看出了他的点滴进步。她平日赤着脚，为的是省下钱来供孩子学音乐。这位农家母亲的称赞与鼓励改变了孩子的一生，你也许认识他，他的名字叫卡鲁沙。

多年前，伦敦有一位青年希望成为一个作家，但事事看来都十分不顺。他仅读了4年书，他的父亲因为负债被捕入狱。这位青年饱尝饥饿的痛苦。最后，他找到了一份工作，在一间老鼠肆行的货房中帮别人在黑油瓶上粘贴上签条。夜里，他睡在一间破旧的阁楼中，同两个来自伦敦贫民窟的肮脏顽童住在一起。他不相信自己的著述能力，因此，他在沉寂的夜里偷偷地出去，将他的稿件寄出去，以免别人笑话他的故事被拒绝。最后，激动人心的一天到来了，他的稿件终于有一篇被接受了。实际上，他没有得到一先令的报酬，但一位编者称赞了他。他非常高兴，以致在街上漫无目的地游荡，泪流满面。

一篇故事被刊出所获得的称赞及承认改变了他的一生。如不是因为那个鼓励，他或许将终身在老鼠肆虐的工厂中工作。那个孩子就是狄更斯。

1922年，有一位住在加利福尼亚的青年，他非常贫困，甚至养不起他的妻子。他星期日在教会唱诗班中歌唱。他不能住在城中，所以在葡萄园中租了间破屋子，每个月只交12.5美元的租金。房租虽低，但他还是付不起，他欠了10个月的租金，以至于不得不在葡萄园中做摘葡萄的工作以代付房租。他告诉我，有时除葡萄以外，他简直没有别的东西吃。他失望透了，差不多就要放弃歌唱事业，去改行推销载重汽车。在这个时候，一位牧师称赞了他。牧师对他说："你有副好嗓子，你应到纽约去深造。"

那位青年最近告诉我说，就是这一点称赞和轻微的鼓励成就了他的终身事业，他借了2500美元踏上了去纽约的路。

讲到改变人，假如你我愿意鼓励每一个我们所接触的人，使他们认识自己的可贵之处，那么他就一定会脱胎换骨。

所以，如果你要说服他人，应该谨记第六项原则：

称赞别人微小的进步，要"诚于嘉许、宽于称道"。

学会给人“戴高帽”

我有一位朋友琴德夫人，她雇了一个女仆，并告诉她下星期开始上班。然后，琴德夫人打电话给那女仆以前的女主人了解情况，发现她有许多缺点。当女仆开始上班的时候，琴德夫人说：“赖莉，我那天打电话给你以前做事的那家太太，她说你诚实可靠，不仅会做菜，还会照顾孩子，但她说你不爱干净，从不将屋子收拾干净。现在我想她是在说假话，你穿得很整洁，人人可以看得出来这一点。我敢打赌你收拾的屋子一定同你的人一样整洁干净。我们也会相处得很好。”

她们后来真的相处得很好。赖莉要顾全名誉，并且她真的这样做了。她把屋子收拾得发光，她情愿多费一小时打扫，而不愿使琴德夫人对她失望。

“平常人，”一位工厂经理华克伦说，“如果你足够尊重他，并且认可他的能力，他就会很容易受到激励。”

简言之，你想别人在某方面改进，就要表现得好像那种特点他早已具备了一样。莎士比亚说："假定一种美德，如果你没有，你就必须认为你已经有了。"如果你希望某人具备一种美德，你可以假设他具有这一美德。给他一个好名誉，让他去实现，他便会尽力去做，而不会让你失望。

雷布兰克在她的《我同马克林的生活》一书中曾写到过一个平凡的比利时女仆的惊人变化：

> 隔壁旅馆的一个女仆来给我送饭，我称她为"洗碗的玛莉"，因为她开始做这个工作时是一个二厨。她好像是一个鬼怪，斜眼、弯腿，精神和肉体都可怜。
>
> 有一天，当她给我送饭时，我爽直地对她说："玛莉，你知不知道你身上有许多内在的美？"
>
> 惯于约束情绪的玛莉等了几分钟，不敢流露自己的情绪。她将盘子放在桌上，叹了口气，巧妙地说："夫人，我以前从来不会相信。"她没有怀疑，没有发问，只是默默地回到厨房，对别人重复了我所说的话，表现得很有信心。从那天起，甚至开始有人体恤她。但最奇怪的变化却发生在卑微的玛莉本身。她相信自己身上有种无形的东西，她开始非常注意自己的面部及身体，并开始掩饰起自己的平凡，使她枯干的青春好像开起花来了。
>
> 两个月以后，我即将离开时，她宣布她要结婚了，新郎是厨师的侄子。"我将要做太太了。"她向我表示感谢。我的一句话竟改变了她的整个人生。

当吕士纳要影响在法国的美国士兵的行为时，他也采用了同样的办法。哈伯德将军——一位最受人欢迎的美国将军，曾经这样对吕士纳说，他觉得这200万美国兵，是他曾遇到过或接触过的最清洁、最合乎理想的军人。

这种称赞是不是太过分了？或许是的。但我们来看看吕士纳是如何应用它的。

"我从未忘记告诉兵士们那位将军所说的话，"吕士纳写道，"我从不怀疑它的真实性，但我知道，即使不真实，它也将激励将士达到标准。"

有一句古语说："给狗一个恶名，不如把它吊死。"但如果给它一个好名，会怎么样？

几乎所有人——富人、穷人、乞丐、盗贼——都会极力保全别人给他的这份名誉。

"如果你必须应付盗贼，"监狱长劳斯说，"有一种有效的方法——把他当作一个很体面的君子。你必须把他看成是规规矩矩的人。这样，他就会受宠若惊，因而有所反应，不辜负别人的信任。"

可见，如果你要说服他人，应当遵守的第七项原则是：

给人一个美名，让他为此而努力奋斗。

学会给他人“权威”

1915 年，正值第一次世界大战时期，欧洲各国狼烟滚滚，战争的规模之大，在人类历史上从未有过。 美国政府极为惊骇。 有可能实现和平吗？ 答案不得而知，但威尔逊总统决意尝试，他要派遣一位私人代表作为和平特使，与欧洲军方进行会晤。

主张和平的国务卿布莱恩很想获得这次机会，他知道这是名垂青史的一个机会。 但威尔逊却委派了另一个人——布莱恩的挚友赫斯上校。 赫斯上校当然很乐意，但麻烦的是，他得将这一不好的消息告知布莱恩并且不能激怒他。

赫斯上校在他的日记中写道：当听说去欧洲做和平特使的人是我时，布莱恩显然很失望，他认为自己最适合。

“我回答说，总统认为任何人正式地去干这事都不大合适，而派他去则会引起注意，人们会不解，为什么他到那里去？”

从赫斯上校的话中我们可以看出其中的暗示，赫斯实际上是在告诉布莱恩，他太重要了，不适宜这一工作。布莱恩再也无话可说了。

赫斯上校十分精明且饱经世故，他在处理这一事情的过程中遵守了一个人际关系的重要准则：永远使对方乐于接受你的建议。

当拿破仑创立荣誉军团时，共颁发了1500枚徽章给他的兵士，拔擢了18位将军为“帝国元帅”，称他的部队为“大军”，别人都觉得他很孩子气。

人们批评拿破仑给老练的精兵一些“玩物”，而拿破仑回答说：“人们本来就受着玩物的统治。”这种给人授衔和权威的方法，能为拿破仑所用并极为有益，当然也能为你所用。

获得权威，这是人类的一种天性，所以，如果你想说服他人，应当遵守的第八项原则是：

给对方“权威”，使对方乐于做你所建议的事。

第五章

如何使家庭生活幸福快乐

不要试图改造对方

英国伟大的政治家迪斯雷利说过：“我一生或许会犯许多错误，但没有爱情，我是不会结婚的。”他直到 35 岁还没有结婚。后来，他向一位有钱的、头发花白且比他大 15 岁的寡妇求婚。也许我们都会问，他们之间存在爱情吗？她知道他不爱她，知道他娶她是为了钱！所以她只要求他一件事：请他等一年，给她一个研究他人品的机会。一年快到了，她与他结了婚。

这故事荒谬可笑，迪斯雷利的婚姻，是一段最富有生气的婚姻。他所选择的是一个苍老、丑陋、笨拙的有钱寡妇。她说话时常犯一些文字或历史的错误，令人发笑。例如，她永远不知道古希腊人和古罗马人哪一个在先。她对服装的审美古怪，她对房屋装饰的偏好诡异，但她的确是个天才，她知道如何做好婚姻中最重要的事——如何巧妙地处置好男人。

她没有用她的智力与迪斯雷利对抗。当他一整个下午与机智的公爵夫人们钩心斗角地谈得精疲力竭以后回家时，玛丽安娜的轻松闲谈使他越来越快乐，对他来说，家是一个避风港，而且他还可以沐浴于玛丽安娜宠爱的温暖之中。这些与年长于他的妻子在家所过的时光，是他一生中最快乐的时光，她是他的伴侣、他的亲信、他的顾问。每天晚上他从议会匆匆回来，向她讲述白天的新闻。而最重要的是——无论他从事什么，玛丽安娜都相信他会成功。

30 年来，玛丽安娜为迪斯雷利而活，她尊重自己的财产，因为那能使他的生活更加安逸。但是她所得到的回报呢？她成了他的女英雄，在她死后他才成为伯爵；但在他还是一介平民时，他就劝说维多利亚女王擢升玛丽安娜为贵族，所以，在 1868 年，她被封为毕根菲尔特女爵。

尽管玛丽安娜在公共场合中显得既愚蠢又笨拙，但他从不批评她，他从未说过一句责备的话；而且，如果有人敢讥笑她，他会立即起来英勇无畏地保护她。玛丽安娜不是完美的，但30 年来，她非常喜欢谈论她的丈夫，喜欢称赞他。结果呢？“我们已经结婚 30 年了，”迪斯雷利说，“我也没有对她感到厌倦。”

“谢谢他的爱，”玛丽安娜常常告诉他与她的朋友们，“我的人生才有无尽的快乐。”在他俩之间有一句笑话。“你知道的，”迪斯雷利会说，“无论怎样，我只是为了你的钱才同你结婚。”玛丽安娜笑着回答说：“是的，但如果你有机会重新选择，你就会为爱情而与我结婚，是不是？”而他也承认那是对的。

正如詹姆斯所说的：“与人交往，首先应学会的事情就是不要干涉他们使自己快乐的特殊方法，只要那些方法与我们不冲突。”

所以，如果你要你的家庭生活快乐，应当遵守的第一项原则是：

不要试图改造你的配偶。

不要批评对方

迪斯雷利在日常生活中最难缠的对手是格莱斯顿，这两个人每次见面都会激烈争辩，发生激烈的冲突，但他们有一个共同点，即他们的私人生活都无比快乐。

格莱斯顿夫妇共同生活了 59 年。 我喜欢想到格莱斯顿——英国最尊贵的首相，想到他握着他妻子的手，在炉前的地毯上跳舞，唱着他们心中的歌。 在公众面前，他令人敬畏，但在家中他却永远都不会批评别人。 当他早晨下楼用餐时，看见家人还在睡觉，他就用一种温柔的方式表示责备。他提高嗓门使屋中充满了神秘的声音，以此来提醒他的家人：英国最忙的人独自在楼下等候吃早餐。 他善于体谅人，又有高超的外交手段，并竭力来避免家庭中的批评。

叶卡捷琳娜二世也常这样做。 叶卡捷琳娜二世曾统治历史上最大的帝国之一，掌握了千百万臣子百姓的生杀大权。在政治上，她是一个强权的君主，发动非正义的战争，十几个仇人都被她判了死刑并用射击队杀戮。 但如果厨役将肉烤焦，她却毫不计较，而是微笑着吃下去。

狄克斯是婚姻问题的专家，他认为，所有的婚姻，一半以上是失败的。他知道使许多浪漫之梦撞击离婚礁石的一个原因，就是批评——毫无意义且伤人的批评。

所以，如果你想要拥有快乐的家庭生活，应当遵守的第二项原则是：

不要批评你的丈夫或妻子。

◇ 不要批评对方 ◇

我该怎么办啊？
我好迷茫。

我只是爱批评他而已，他就提出离婚了！
你别激动，没什么是不能解决的，冷静下来好好说。

我试着改正一下。
没有人会喜欢妻子无休止的批评，你要调整自己的做法了。

真是多谢你当年的一席话，让我明白了与丈夫相处的技巧。
现在夫妻恩爱了吧？

真诚地欣赏对方

男性对于女性追求美观及装束得体的努力应表示欣赏。所有的男人都常常会忘记——尽管他们也知道这点——女人对自己的衣着打扮是非常在意的。例如，如果一男子同一女子在街上遇见另一男子同另一女子时，对于那个男子，女子也许并不在意，但她会不时地瞟一眼另一女子的穿着打扮。

数年前，我的祖母在98岁时死去。她去世前不久，我们给她看一张她自己在30多年前拍摄的相片。她的老花眼已看不清相片，但她只问了一句："那时我穿着什么衣服？"试想一下，一位仅有最后12个月生命的老太太，虽然年事已高、卧床不起，甚至都不能辨认她自己的女儿了，心里却还想着自己30多年前的穿着打扮怎么样！她问这问题时，我在她床边，这事在我脑海中留下了深刻的印象。

对很多男人来讲，他们也许不记得自己5年前穿的是什么样的外套，什么样的衬衫，他们也丝毫没有意识去记住它们，但女人则不同。法国上流社会的男子都要接受训练，他们不但要夸奖女人的衣帽，而且还要频繁地夸奖。千万法国男人都在这么做，其中自有道理！

莫斯科与圣彼得堡的那些养尊处优的贵族曾很有教养。那时上层人都有一种习惯，当他们享受过美味的菜肴后，定会将厨师召入食堂，并且称赞他们。

要记得多体恤你的妻子。下次，当她烧鸡烧得很嫩时，你可以像这样赞美她，使她知道你欣赏她的手艺——你不是在吃草。或像格恩常说的："好好地称赞一番这位小妇人。"因为她们都喜欢被人这样称赞。

当你正要做出这样的表示时，不要怕她知道她给你带来了无数的幸福和快乐。迪斯雷利这位英国著名的政治家，正如我们所知，他就乐于使全世界都知道他从他的小妇人那里"得到多少"。有一天，当我浏览一册杂志时，从对埃第·康德的访问中看见这么一段话：

> 我从我妻子那里得到了许多帮助。我小时候，她曾是我最好的朋友，她帮助我勇往直前。在我们结婚以后，她节省每一镑钱，然后再进行投资，我们的积蓄有她一大半的功劳。我们有5个可爱的孩子，她为我营造了一个美丽温馨的家庭，如果我有所成就的话，全都归功于她。

好莱坞的婚姻似乎都缺少安全感，甚至伦敦的劳慈保险公司也不愿承接其保险，而在少数的几桩快乐的婚姻中，巴克斯德便是一个。巴克斯德夫人结婚后离开了舞台，但她事业上的牺牲并没有因此而使他们失去应有的快乐。"她失掉了来自舞台的掌声，”巴克斯德说，“但我已尽力使她完全感觉到我的欣赏和支持。如果一个女子完全要在她丈夫那里求得快乐，她必须在他的欣赏与真诚中得到。而如果那欣赏与真诚是真实的，那么他也会从中得到爱与幸福。”

现在你应该明白了，要想家庭生活幸福愉快，应当遵守的第三项重要的原则是：

给予对方真诚的欣赏。

在家庭内部也应有礼貌

丹姆罗希与勃雷的女儿结婚了，勃雷是美国一位著名的演说家，曾经被提名参加总统选举。多年前，他们自从在苏格兰卡耐基的家里认识以后，丹姆罗希夫妇就一直过着令人羡慕的快乐生活。这是为什么呢？

“除了慎重选择自己的伴侣外，”丹姆罗希夫人说，“我认为结婚后的礼貌是最重要的。年轻的妻子们对她们的丈夫应该像对刚认识的人一样有礼貌！因为没有男人会喜欢一个泼妇的口舌。”

无礼，会一点点地侵蚀掉爱情。也许这一点我们每个人都知道，但是我们对待自己的亲人，有时竟然比不上对待陌生人那样有礼貌。我们决然不会未经许可而拆朋友的信，或窥探他们的私人秘密。而我们却敢对自己家中的人我们最亲近的人，当他们犯了小错时羞辱、指责他们。

让我们看看狄克斯曾经说过的一句话：“有一个现象很惊人，唯一真实地对我们说出刻薄、侮辱、伤感情的话的人，正是我们的亲人。”

詹姆斯曾写过一篇文章——《人类的某种盲目》。“本文所谈及的人类的盲目，”他如此写道，“是我们人人都患有的关于与我们不同的动物及人的感情的盲目。”

“人人都患有盲目”，许多男性对顾客，或对他们工作中的伙伴都会做到耐心细致至极，但却会不假思索地对他们的妻子狂吼。但就他们的个人快乐而言，婚姻比他们的工作更加重要，与他们的关系更加密切。

幽居天堂的快乐也比不上婚姻幸福的普通人的快乐。俄国著名小说家屠格涅夫受到文明世界各国的敬仰。但他却说：“如果在某个地方能有个女人关心我回家吃饭，我情愿放弃我所有的天才及我所有的书籍。”

婚姻幸福的概率究竟有多大？我们已经说过，狄克斯认为成功的可能不足半数，但鲍本诺博士却反对他这一观点。

对于这件事，狄克斯是这样解释的：

> 与婚姻相比，出生不过是一生的一幕，死亡不过是一件琐屑的意外。女人永远都不会明白，为什么男人不用同样的努力来使他的家庭成为一个发达的机关，就如同他使他的事业成功那样。有一个妻子、一个和平快乐的家庭，对一个男人来说万金不换。女人永远不明白，为什么她的丈夫不用一点外交手段来对待她，为什么不能更温柔一点，以平息本来可以平息的冲突和矛盾。
>
> 大凡男人都知道，他只要先让妻子快乐，她就会帮他做各种事，并且不需付任何报酬。他知道，他只要恭

维她几句，说她管家如何好，她如何帮他的忙，她就会忙碌且快乐着。每个男人都知道，如果他夸他妻子说，她穿上去年的衣服如何美丽、可爱，她也许就不会再买更时髦的巴黎进口货了。每个男人都知道，他在妻子的眼睛上热情地一吻，她就会盲如蝙蝠而温柔地依从于他；他只要在她唇上热情地一吻，她便会停止在他耳边唠叨。

而且每个妻子都知道她的丈夫也明白这些，因为她已经早就将此告诉过他。但是她的丈夫情愿和她争吵拌嘴，去吃那难以下咽的饭菜，或者把钱花在为她购买新衣服、汽车、珠宝上，却不愿意夸奖她几句，不愿以她所希望的方式来满足她。对此，她对他的感情就说不上是喜欢还是讨厌了。

可见，若想要一个幸福快乐的家庭，应当遵守的第四项原则是：

对你的妻子（丈夫）要有礼貌。